W0247489

S.
AUGUSTINI
OPERA.

S.
AUGUSTINI
OPERA.

AURELII
AUGUSTINI
OPERUM
TOMVS III

St. Bernardi

Opera
I.—IV

TOMUS
8.

TOMUS
9. 10.
ET INDEX

Lieber Willi!

Alle guten Wünsche zu Deinem
55-sten Geburtstag!
Pax et bonum!

Rudi u. Gisela

Die Gärten der Mönche

In dem vorliegenden Buch
wird der Begriff »Mönche« in
traditioneller Form verwendet;
er schließt immer auch die
Frauengemeinschaften mit
ein. Aus pragmatischen
Gründen verwenden wir diese
Bezeichnung auch für Ordensleute, die streng genommen
kein monastisches Leben im
Sinne der *stabilitas loci*
führen, wie etwa Franziskaner
(Minderbrüder), Augustiner
(Chorherren) und Mitglieder
anderer Gemeinschaften.

BIBLIOTHEK DER MÖNCHE

Herausgegeben von Peter Seewald

Regula Freuler

Die Gärten

der Mönche

HEYNE ‹

Wir danken insbesondere Schwester Ruth von der
Zisterzienserinnenabtei Mariazell-Wurmsbach sowie
Bruder Konrad von der Benediktinerabtei Einsiedeln
in der Schweiz für die freundliche Unterstützung.

Bisher sind in der Reihe BIBLIOTHEK DER MÖNCHE
folgende Bände erschienen:

Die Heilkunst der Mönche
Das Fasten der Mönche
Die Ruhe der Mönche
Die Küche der Mönche

Copyright © 2004 by Wilhelm Heyne Verlag, München,
in der Verlagsgruppe Random House GmbH

Konzeption: Peter Seewald
Fachliche Beratung: Pater Beda Sonnenberg OSB,
Abtei Plankstetten
Lektorat: Theresa Stöhr
Umschlagkonzept und -gestaltung: Hauptmann &
Kampa Werbeagentur, München – Zürich
Umschlagillustration: Mick Hales
Vor- und Nachsatz: Hans-Günther Kaufmann
Gestaltung und Satz: Schaber Datentechnik, Wels
Druck: Offizin Andersen Nexö, Leipzig
Printed in Germany 2004
ISBN 3-453-86930-3

Inhalt

Vorwort

Romanischer Kreuzgang im Kloster Steingaden

Für viele von uns war ein Garten
lange Zeit völlig uninteressant. Wir
hatten keine Beziehung dazu. Schlimmer noch. Waren Gärten nicht auch die seltsame Passion der Kleinbürger, der Schrebergärtner? Dann die ewig gleichen roten Geranien, die die Sommer unserer Kindheit und Jugend begleiteten – der Inbegriff der Spießigkeit. »Was, du willst wirklich Balkonblumen anpflanzen?«, fragte ich vor vielen Jahren entsetzt eine Mitbewohnerin, als sie leere Terrakottakästen in die Wohnung schleppte. Diese Freundin ließ sich nicht beirren. Jeden Abend schnitt sie die Pflanzen, jätete das bisschen Unkraut und zupfte hier und da ein paar alte Blättchen aus. Erst allmählich merkte ich, dass es ihr gar nicht so sehr ums Schneiden als ordnendes Gärtnern ging, sondern dass sie ganz einfach

nur den Duft der Bachblüten und des Mottenkönigs mochte, dass sie verliebt war in die ruhige Regelmäßigkeit des abendlichen Rituals. In das, wie man so sagt, Labsal für die Seele.

Mönche und Nonnen haben als die ersten Botaniker des Kontinents vor weit über tausend Jahren in ihren Klöstern den Grundstein zu unserer heutigen Gartenkultur gelegt. Sie bewahrten und entwickelten altes Wissen weiter. Sie führten exotische Gewächse in unseren Breiten ein. Sie kultivierten Obstsorten und Feldfrüchte, stellten über exakte Wetterbeobachtungen wichtige Regeln für den Anbau auf, verbesserten den Er-

trag der Böden, mixten Kräuter zu Arzneien, Tinkturen und Elixieren. Niemand wusste mehr über die Heilkräfte der Natur als die Ordensleute.

Gewiss, die Klostergärten sind Nutzgärten wie andere auch. Aber in diesen Anlagen liegt nicht nur der Duft von Kräutern und Rosen in der Luft. Der Hauch mehr, der sie durchfließt, jener besondere Funke – ist

*Der Kräutergarten des Benediktinerstifts Admont,
Steiermark*

der Geist des Göttlichen. Ihn versuchen die Mönche
und Nonnen in ihren Gärten festzuhalten und spüren
zu lassen – immer im Hinblick auf die kleinen und
im Kleinen so großen Wunder der Schöpfung, die wir
leicht übersehen.

Gärten sind Seelenlandschaften. Im Garten ruhen wir uns aus. Selbst bei der Arbeit an und mit ihm, weil er ein Mikrokosmos allen Werdens und Vergehens ist. Ein Garten ist die Welt im Kleinen, im Geschützten, eine Oase der Geborgenheit. Er zeigt uns, wo Gott wohnt. Und er lehrt uns, in wessen Händen letztendlich das Geschick der Gärtner liegt.

Dieses Buch will Anregungen bieten für Gestaltungselemente und die eigene spirituelle «Arbeit» im Garten. Aber es will auch Einladung sein, sich auf den speziellen Zauber der Klostergärten einzulassen. Die meisten der mittelalterlichen Mönchsgärten sind längst verwildert oder nur noch als Relikt vorhanden. Viele aber, vielleicht auch in Ihrer Nähe, werden in jüngster Zeit neu angelegt oder wieder entdeckt.

Der Garten von Schwester Ruth im Kloster Mariazell-Wurmsbach am Oberen Zürichsee, den ich besuchte, ist nicht besonders groß. Er ist noch nicht einmal streng nach alter Tradition angelegt. Aber hier wird gelebt. Hier wird im Sommer gegessen, die Wäsche aufgehängt, meditiert, herumgewandelt, gejätet und gebetet. Hier werden die verstorbenen Mitglieder des Konvents begraben, Honig geschleudert, Äpfel und Birnen geerntet. Und jeden Tag pflückt Schwester Ruth einen bunten Blumenschmuck für einen der Altäre der Kirche.

Ich verstehe, warum der Garten die Schwester so glücklich macht. Ihre Erfüllung ist, in ihm zu wirtschaften, ihn zu pflegen und zu versorgen, zu durchmessen und an einem bestimmten Platz zu verweilen, in seiner Ruhe neue Kraft zu sammeln – und aus ihm Glauben, Hoffnung und Liebe zu schöpfen.

Regula Freuler

Willkommen
im Kloster

Klostergarten und Kirche der
Zisterzienserinnenabtei Mariazell-Wurmsbach

Weil es einfach
gut tut

Das Kloster Mariazell-Wurmsbach grüßt schon von weitem. Wie gemalt liegt es in einer wundervollen Landschaft, eingebettet zwischen dem Oberen Zürichsee und den Glarner Alpen, deren Gipfel wie blank polierte Zinnen hell in den Himmel ragen.

Es ist brütend heiß, ein herrlicher Sommernachmittag, als ich mich vom Taxi bis zur Klosterpforte kutschieren lasse. Vom Bahnhof aus, so hatte Schwester Ruth vorgeschlagen, soll ich den Weg zum Kloster am besten zu Fuß machen. Das sei eine halbstündige Strecke, schön am See entlang. Aber jetzt steht kein Wölkchen am Himmel. Die Luft flirrt wie in einem Hochofen über den Straßen und Häusern. Ein andermal komme ich gern zu Fuß, aber nicht bei dieser Hitze!

Zugegeben, wer ist nicht ein wenig aufgeregt, wenn er zum ersten Mal in ein Kloster geht? Auch wenn es nicht für die ewige Profess ist, sondern nur für eine Stippvisite. Was versteckt sich hinter diesen dicken Mauern? Und warum gibt es sie überhaupt? Was sind das für Menschen, die dort leben? Sind sie uns nicht gänzlich fremd geworden, erst recht in einer Zeit, in der viele Religion nur noch als eine Art Zeitvertreib für Sonderlinge ansehen?

Und was die Gärten betrifft: Werde ich hier wirklich etwas lernen können von den Regeln der Ordensleute? Vom richtigen Umgang mit dem Werkzeug, wie Benedikt es vor über tausend Jahren empfohlen hatte, bis hin zu der feinnervigen Wahrnehmung dessen, was über und unter den Dingen ist, unsichtbar, und doch um so viel stärker als Materie – das Wesen einer Erscheinung eben, der Kern der Sache.

Bei den Vorbereitungen meines Besuchs in Mariazell-Wurmsbach sind mir die Stunden eingefallen, die ich als kleines Mädchen im ehemaligen Kurheim der evangelischen Diakonissenmission St. Chrischona auf einem Stuhl saß, die Beine noch zu kurz, um den Boden zu erreichen. Schwester Elsie legte meiner Mutter einen dampfenden Kräutersack auf den schmerzenden Rücken. Ob ihr das nicht zu heiß sei? Ob die Blümchen wirklich helfen können? Damals kam ich zum ersten

Mal in Kontakt mit diesem »geheimnisvollen« klösterlichen Wissen – und so weit ich mich erinnere: Die Blümchen halfen.

Der Vater der Väter aller christlichen Mönche in der Wüste, der heilige Antonius, hatte einmal gemeint, sein Buch sei die Natur. Der Einsiedler meditierte tagelang über den heiligen Schriften, aber dieses eine Buch lag stets dabei, »immer vor mir, wenn ich mich in Gottes Wort vertiefen möchte«. Ist dies der Grund dafür, dass Gärtner und Bauern um so viel frömmer sind als die Leute in der Stadt? Weil sie unmittelbar vor sich nicht so sehr die Leistung des Menschen als vielmehr die Wunder der Schöpfung erkennen? Eingepasst in den Kreislauf von Werden und Vergehen. Dankbar für Aussaat, für den Segen guter Ernten. Furchtsam vor den mächtigen Gewalten, die Bäume knicken können wie Strohhalme. Vor den Grundordnungen dieser Erde, die noch niemals, von Anfang an, durch irgendjemanden verletzt werden durften, ohne dass dafür nicht auch eine Strafe fällig wurde.

Und ist denn dann, wenn das so ist, diese Natur auf eine ganz besondere Art nicht auch ein Abbild des Schöpfers selbst, in der sich die ganze Schönheit Gottes spiegelt, sein Geist, seine Kraft? Ist diese Natur, wenn nicht Gott selbst, wenigstens ein Zugang zu ihm? So wie eine heilige Messe, wie ein Gebet: Um in der Schöpfung den Schöpfer selbst erkennen, schauen und preisen zu können? Obendrein: Könnte es nicht auch sein, dass dieses Bücken über der Erde, das hautnahe Miterleben von »Grünkraft« nicht auch ein Segen ist, eine heilsame Wirkung auf das Innere unseres Selbst ausübt?

Ich schrecke jäh aus meinen Gedanken auf, als die Taxifahrerin auf die Bremse tritt. War es die Hitze? Ist es die Nähe bestimmter Orte, die solche Gedanken aufsteigen lässt? Wie auch immer, der Wagen hat kaum gehalten, schon eilt eine Klosterfrau auf mich zu, lachend, vergnügt: Schwester Ruth, eine von jenen Menschen, die man schon beim ersten Händedruck am liebsten auch umarmen möchte.

Mariazell-Wurmsbach gehört zur Kongregation der Zisterzienser, eines Reformordens innerhalb der benediktinischen Familie, der sich vor achthundert Jahren als Gegenbewegung formierte, um zu den Wurzeln des Mönchtums zurückzukehren. 1259 gegründet, ist das Kloster sogar älter als die Schweizerische Eidgenossenschaft. Die Legende will es, dass an dieser Stelle sein Gründer, Graf Rudolf von Rapperswil, bei der Jagd beinahe von einer Wölfin getötet wurde. Nur einem Gewitter, das urplötzlich hereinbrach und mit aller Naturgewalt die Bestie vertrieb, verdankte der Graf sein Leben. Es heißt, der hohe Herr sei danach erst in tiefer Nacht wieder erwacht, völlig orientierungslos,

Schwester Ruth mit klostereigenem Bienenhäuschen

und er habe gelobt, sollte er jemals aus dieser Lage wieder befreit werden, ein Kloster zu stiften. Er folgte dem Rieseln eines Baches bis zu seiner Mündung in den See, fand bei freundlichen Fischern Aufnahme – und vermachte umgehend sein Jagdschloss den Schwestern von Marienberg am Albis. So was nennt man dann, nicht ganz grundlos, wohl göttliche Fügung.

Im Laufe vieler Jahrhunderte überstand das Kloster des Grafen alle Stürme der Geschichte. Finsteres Mittelalter – das heller war, als viele meinen –, Dreißigjähriger Krieg, kirchenfeindlicher Kulturkampf, Weltkriege – nie musste das Haus für längere Zeit von den Ordensfrauen aufgegeben werden. Seit Mitte des 19. Jahrhunderts ist ihm, auf Druck der Kantonsregierung, ein Mädcheninstitut angegliedert. Es ist die so genannte Impulsschule mit Internat für rund 120 Mädchen, in der Schwester Ruth neben ihrer Gartenarbeit auch unterrichtet – gelegentlich nicht nur im Klassenzimmer, sondern auch unter den Zweigen lauschiger Obstbäume.

»EINE WINZIGE BLUME VON IRGENDEINEM WILDEN WEGRAIN, DIE SCHALE EINER KLEINEN MUSCHEL AM STRAND, DIE FEDER EINES VOGELS – DAS ALLES VERKÜNDET DIR, DASS DER SCHÖPFER EIN KÜNSTLER IST.«

Tertullian

Im Garten der mächtigen Abtei der Benediktiner von Einsiedeln, den ich zwei Wochen später besichtigte, ist alles streng nach Plan geordnet. Die Wege haben ihren festen Lauf, die Beete sind wie abgezirkelt, ordentlich nebeneinander, symmetrisch, alle gleich groß. Das hat was. Man spürt die Kraft der Disziplin. Ruths Garten ist anders.

Nur wenige Beete sind mit Steinmäuerchen umgrenzt. Die Gewürze und Heilkräuter wirken auf den ersten Blick wie hereingeweht, und auch die Blumen und Obstbäume auf dem weitläufigen Gelände machen scheinbar alle, was sie wollen. Aber als ich zum ersten

Mal mit der Schwester durch ihr kleines Paradies spaziere, ist es, als hörte ich mein Herz lauter schlagen, meine ich, die Freiheit dieses Raumes hebe mich gleich selbst ein Stück vom Boden hoch. Tief Luft holen. Fest ausatmen. Alles wird leichter. Ich höre besser. Ich rieche besser. Ich spüre besser. Und ich werfe die Arme in die Luft, um all das zu greifen und zu umfassen, weil es einfach so unendlich gut tut.

Als Schwester Ruth Helbling noch die kleine Ruth war, war sie alles andere als ein Garten-Fan. Jäten, graben, gießen – für Kinder nicht unbedingt ein lustiger Zeitvertreib. Und dann die gesunde Kost. Wenn die Mutter fragt, welche Suppe auf den Tisch kommen soll, schreit man im Chor zurück: »Eine mit nichts drin!« – so sehr langweilte das Allerlei aus frischem Gartenzeug mit dem Gemüse der Saison. Lieber eine Buchstabensuppe, Hauptsache: keine Vitamine.

Ruth wächst nur einen Steinwurf vom Kloster entfernt in einer Bauernfamilie auf. Sie besucht als Externe die Klosterschule. »Als Kind«, so erinnert sie sich, »haben mich diese Mauern magisch angezogen. Immer wollte ich wissen, was Geheimnisvolles dahinter vor sich geht, und bin hochgeklettert, um rüberzusehen.«

Ruth entscheidet sich für eine Ausbildung zur hauswirtschaftlichen Betriebsleiterin, denn Bäuerin werden will sie auf keinen Fall. Zu wenig Freiheit. Zunächst arbeitet sie als Lehrerin, aber das ist es nicht. Was dann? »Irgendwo in mir«, sagt sie, »stand wohl der Entschluss schon längst fest, etwas zu machen, was hier ins Kloster passt.«

Nach ihrem Eintritt in den Orden arbeitet Ruth Helbling zunächst als Hauswirtschaftslehrerin, »aber wann immer ich mich um den Blumenschmuck im Haus kümmern durfte«, erzählt sie, »muss ich gestrahlt haben wie die Sonne.« Die anderen haben es bemerkt, und so bekommt die junge Zisterzienserin bald den Auftrag, im Garten mitzuarbeiten, den sie 2003 ganz offiziell übernimmt, inklusive der Pflege des Friedhofes, der zum Klostergarten dazugehört.

In ihren Schülerinnen will Schwester Ruth die »Freude an der Stille wecken, an der Schönheit. Sie sollen alle Sinne sensibilisieren, aber auch den Verstand«. Sie selbst hält sich am liebsten im »Wäldli« auf, der kleinen Baumgruppe am Seeufer zwischen Blumengarten und Obstplantage, wo sie gern betet: »Da sind alle Bäume des Waldes versammelt, Nadel- und Laubbäume, gut duftende Linden und Buchen, alte Schneebeeren-Sträucher. Manchmal gehe ich auch dorthin, um meine Mahlzeit einzunehmen, um für mich zu sein, schweigen zu können.«

Der Garten und die damit verbundene Arbeit sind für die Nonne existenziell. »Ohne den Garten, ohne die

Natur und ihre Vielfalt«, meint sie, während sie einige vertrocknete Zweige aufsammelt, »kann ich gar nicht leben.« Immer wieder betont sie die damit verbundene Nähe zu Gott. »Oft gehe ich durch den Garten, nehme einfach nur wahr, was um mich ist, diese Fülle, staune und finde dabei zu mir selbst.« Der Glaube, dass Gott sie liebe, sei ihre geistige und seelische Grundlage. Die Liebe, das sei zugleich der geringste wie der größte Beweis dafür, dass das Leben einen Sinn hat: »Das kann man auf nüchterne Art erfahren, aber eben auch sehr emotional. Bei einer Begegnung zwischen Menschen oder bei einem Blick in die Natur. Oder bei einer Fügung, die mich glücklich macht, weil Gott es zu meinen Gunsten geschehen lässt.«

AUFTAKT

Alles beginnt in Eden

*»Gebet des heiligen Bernhard um die gute Ernte«,
Jörg Breu d. Ä., Stiftskirche Zwettl, 1500*

Eine kurze Geschichte der Gärten Gottes

Klostergärten wohnt eine ganz besondere Ausstrahlung inne. Geradezu legendär ist ihre Schönheit, ihre eigene Aura. Etwas nahezu Magisches scheint von ihnen auszugehen. Eine geheimnisvolle Energie. Schwingungen, die sich auf die eigene Person übertragen. Oft meint der Besucher, hier nicht nur Ruhe und Entspannung, sondern insgesamt genau jenen Ort des himmlischen Friedens gefunden zu haben, nach dem sich sein Herz so lange gesehnt hat.

> »UND GOTT DER HERR NAHM DEN MENSCHEN UND SETZTE IHN IN DEN GARTEN EDEN, DASS ER IHN BEBAUE UND BEWAHRE.«
>
> 1 Mose 2,15

Die Ernte der Mönche, versehen mit dem Gütesiegel alter Abteien, ist wieder zu einer Kostbarkeit geworden. Wie aber kam es dazu? Sind die Ordensleute nicht in erster Linie mit Beten beschäftigt? Was haben sie im Grunde mit Botanik und Gartenbau, mit Möhrenaussaat und Lagerkohl zu schaffen? Warum experimentieren sie mit Spritzbrühen zur Kompostbeschleunigung und bemühen sich um ein möglichst optimales Umfeld für Gemüse, Obst und Kräuter? Und warum versuchen sie auch noch, zwischen Bäumen, Sträuchern und Gräsern so etwas wie Meditationsinseln anzulegen?

»Machet euch die Erde untertan«

Die Welt zu erforschen und an der Schöpfung mit- und weiterzuarbeiten, erkannten Mönche und Nonnen von Anfang an als einen Auftrag Gottes selbst. Über Jahrhunderte hinweg haben sich Klosterleute deshalb über der Erde gebeugt, um aus ihr nicht nur im Schweiße ihres Angesichts das Brot zu verdienen. Die Natur als Nährerin – und Lehrerin zugleich. Und sie gab, wenn man es richtig anstellte, nicht nur ihre Fruchtbarkeit preis, sondern ließ auch stets an ihren Geheimnissen im Kleinen die Gesetze des Großen erkennen.

Die Ordensleute jedenfalls wurden in der Tat so etwas wie die großen Gärtner vor dem Herrn. Sie bestellten Land und begannen, mit ausgefeilter Technik die Erträge zu erhöhen. Sie führten Aufzeichnungen über die Gesetzmäßigkeiten der Natur, über die Aus-

Mönche in der Schreibstube, mittelalterliche Buchmalerei

wirkungen von Sonne und Regen, über die Zyklen der Gestirne und setzten diese Erkenntnisse auf Wiesen und Feldern um. Sie erforschten die Wirkstoffe der Heilkräuter, entwickelten sie weiter und produzierten daraus heilende Salben und Tinkturen. In den Klöstern war der Abt nicht nur der Vater der Gemeinschaft, sondern meist auch Arzt, Astronom, Wissenschaftler und oberster Gärtner in einem. Wie Gregor Mendel etwa, Abt eines Augustinerkonvents, der über seine peniblen Aufzeichnungen im Klostergarten die Gesetze der Vererbung entdeckte.

In ihren Skriptorien wiederum, den mittelalterlichen Schreibstuben, retteten die Hände der Mönche durch ihr fleißiges Kopieren das Wissen des Altertums vor Vergessen und Zerstörung. Sie übersetzten fundamentale medizinische und botanische Schriften. Die wirklich handfesten Kenntnisse über Gartenbau und Pflanzenzucht allerdings, über Ernte, Verarbeitung und Lagerung besaßen weniger die klugen Gelehrtenmönche, sondern jene schulisch ungebildeten Laienbrüder und -schwestern, die sich ab dem 10. Jahrhundert zunehmend hauptverantwortlich um die praktischen Arbeiten im Kloster kümmerten.

Nirgendwo wusste man bald mehr über die Heilkräfte der Natur in Kräutern, Beeren und Wurzeln als hinter dicken Klostermauern. Nirgendwo betrieb man Ackerbau und Viehzucht mit größerem Erfolg. Wer ahnt heute noch, dass Spaten, Hacke und viele weitere Werkzeuge von Mönchen erfunden oder zumindest von ihnen aus fernen Ländern eingeführt wurden? Mönche waren es auch, die schon im 6. Jahrhundert Kräuter aus Ägypten nach Frankreich importiert hatten; die im 16. Jahrhundert Kartoffeln, Bohnen und den Truthahn nach Europa einführten. Zisterzienser pflanzten den ersten Apfelbaum in England, und schottischen Ordensleuten wird nachgesagt, den ersten Whisky destilliert zu haben. Mönche brauten nicht nur Bier, sie waren auch die Meister der Weingärten.

In den meisten Bereichen, in denen Wissenschaft und Empirie eine Rolle spielten, waren die Klöster ihrer Zeit weit voraus. Und die in den unterschiedlichsten Bereichen gewonnenen Erkenntnisse wurden dabei nicht als Herrschaftswissen unter Verschluss gehalten, sondern eingesetzt, um den zivilisatorischen Prozess als Ganzes voranzubringen.

Der christliche Glaube umfasst alle Bereiche des menschlichen Lebens. Immer ging es darum, selbst fruchtbar zu werden, anderen nicht nur die Botschaft Christi zu verkünden, sondern sie auch zu versorgen, zu bekleiden und ihnen etwas beizubringen. Christentum bewirkte neues Denken, neue Rechtssysteme, förderte Arbeit und Volkswirtschaft, schuf einen bestimmten

Lebensstil. Glaube konnte eben nicht nur Berge versetzen, gleich ganze Landschaften wurden durch die Arbeit der Mönche geformt. Ob in der Toskana, deren Gesamtanlage ein gigantisches Zeugnis menschlicher Kreativität ist, oder im bayerischen Oberland, das nicht umsonst »Terra benedicta« heißt. Von fleißigen Benediktinern geschaffen – und gesegnet zugleich (lateinisch *benedicere* = segnen).

Der Mensch kommt aus dem Garten

Im Anfang war das Wort, der ewige Logos, heißt es in der Heiligen Schrift. Aus ihm stammt alles, was existiert auf Erden. Die Lüfte und Wasser, Berge und Täler, die Tiere des Meeres und des Landes. Und auch der Mensch selbst, von dem Gott sagte, er solle »nach unserem Abbild, uns ähnlich« sein. Unser irdisches Leben selbst aber beginnt nirgendwo anders als in einem Garten. »Gott der Herr ließ allerlei Bäume aus der Erde wachsen«, heißt es in der Schöpfungsgeschichte über diesen »Garten Eden«, »verlockend anzusehen und mit köstlichen Früchten«.

Der Begriff »Paradies« stammt aus dem Persischen. Er bezeichnet einen umgrenzten Bezirk, einen geschützten Raum, wie ihn ein Garten umfasst. Und hier ist wohl auch das hebräische Wort für Garten, nämlich *gan/ganit*, beheimatet, denn sobald man sich einer bösen (»wüsten«) Welt gegenübersieht, muss der Garten auch beschützt werden (*ganan* = beschützen). Das Wort »Eden« wiederum bedeutet zunächst nichts anderes als »Wüste«. Für den Menschen aber macht Gott aus dem *wüsten* Eden ein richtiges Paradies, und zwar an einem eigenen Ort »östlich von Eden«. Er lässt die vier göttlichen Ströme fließen – Pischon, Gichon, Tigris und Euphrat –, um all das »Goldland« zu bewässern. Er lässt »Grünkraut« wachsen. Er bildet allerlei Tiere des Feldes und alle Vögel des Himmels, um sie zum Menschen zu bringen, damit dieser ihnen Namen gebe und sich an ihnen freue.

Der Garten bleibt der Urgrund. Aus Staub sind wir gebildet, und zu Staub werden wir wieder. Adam ist deshalb im Hebräischen nicht von ungefähr die Bezeichnung für Mensch, sondern auch ein Wortspiel mit *adamah*, dem Ackerboden. Eva wiederum ist die Bezeichnung für »Leben«, für die Mutter alles Lebendigen. Es muss lange Zeit sehr gut gegangen sein zwischen Adam und Eva, dem Menschen und dem Leben. Alles war Harmonie und Lobpreis und nichts als reine Liebe. Nur leider stand da, »mitten im Garten«, auch jener »Baum der Erkenntnis« (und, bis heute noch unberührt, der »Baum des Lebens«), der mit einem absoluten Tabu belegt war. Das Ergebnis ist bekannt.

Das Alte Testament, dieses Urwissen aus den Anfängen der Menschheit, erklärt die Störungen, die ganz offensichtlich in der Welt existieren, mit einer Vertreibung aus dem ursprünglichen Garten. Wer die Ordnung der Schöpfung nicht einhält, so die Moral der Geschichte, muss eben mit ihrer Unordnung rechnen. Er beschwört Unheil und Disharmonie herauf. Und wo zuvor alles ganz war, geht nun ein Riss durch den Planeten, durch Völker und Stämme, Ehen und Familien, und sogar durch jedes einzelne Individuum. Wo vordem Einheit war, schlummern jetzt, ach, zwei Seelen in jeder Brust.

Sehnsucht nach dem Paradies

Die Vertreibung aus dem Paradies erinnert als eine Ursehnsucht offenbar tief in unserem Innersten an eine ursprüngliche Welt, die sich noch nicht geteilt hatte in Gut und Böse, in Frieden und Unfrieden. In der Tiere noch keine Raub-Tiere waren und Menschen keine Un-Menschen. Denn stets sind es Bilder von Gärten, die wir mit diesem Urzustand verbinden. Landschaften des Wohlbefindens, voll von Harmonie,

Lucas Cranach d. Ä., »Der Sündenfall«, nach 1537

Schönheit, Stille, angenehmen Lauten, himmlischen Düften und wohltuender Wärme.

Kein Zufall also, dass Menschen über alle Jahrtausende hinweg speziell in ihren Gärten den ewig unerfüllten Traum vom Paradies einzulösen suchten: von den hängenden Gärten der Semiramis – einem der sieben Weltwunder der Antike – über die Klostergärten des Mittelalters mit ihren Paradiesgärtlein bis hin zu den Wellnesslandschaften unserer Tage, in denen wir den Ort des himmlischen Friedens so perfekt wie möglich zu simulieren suchen. Gar nicht zu reden von dem Heim- oder Schrebergarten auf kleinstem Grund, der uns nicht nur seelisch und körperlich wohl tut, sondern noch den abgebrühtesten Stadtmenschen erstaunen lässt vor der Erhabenheit einer Dotterblume und der göttlichen Schönheit einer ganz gewöhnlichen Wiese, die früh am Morgen mit einem Glanz aus Tau in der Sonne erwacht.

Die Vorstellungen vom Paradies sind Oasen des guten Lebens, eine Fata Morgana, die man sich herbeimeditiert und herbeiwünscht, vor allem in schweren Zeiten. Im Paradies wird jedes Bedürfnis gestillt: nach Sicherheit, nach Versorgung, nach allem, was der Mensch zum (guten) Leben braucht. Das Paradies ist Inbild von Fülle und Gottesnähe. Und es ist Metapher für die Reinheit des Herzens: »Und sie werden kommen und auf der Höhe Zion jauchzen«, heißt es beim Propheten Jeremia im Alten Testament, »und werden zu den Gaben des Herrn laufen, zum Getreide, Most, Öl und jungen Schafen und Ochsen, dass ihre Seele wird sein wie ein wasserreicher Garten und sie nicht mehr bekümmert sein sollen.«

Aber nicht nur im Juden- und Christentum, in allen Weltkulturen wird der Garten als Idee des utopischen Zuhauses angesehen. Für die Griechen etwa waren *Arkadien* und das *Elysium* der Ort, der nicht perfekter sein konnte. Die Sumerer nannten ihr Paradies *Dilum*, die Kelten sagten *Avalon*. Für die Muslime waren es die *Jenseitsgärten*. Auch in Kunst und Literatur ist der Garten ein verbreiteter Topos, der in unzähligen Bildern immer wieder neu gefasst wurde, in der Regel im Sinne eines *locus amoenus* (= lieblicher Ort), wie ihn die Römer nannten. In dem Lehrgedicht *Georgica* beispielsweise versteht Vergil (70–19 v. Chr.) das Goldene Zeitalter in Form von richtig praktiziertem Landbau in der Gegenwart verankert.

> »WOLLTE, GOTT HÄTTE MICH ZUM GÄRTNER ODER LABORANTEN GEMACHT, ICH KÖNNTE GLÜCKLICH SEIN.«
>
> J. W. von Goethe

Gerade bei den Schriftstellern des 18. Jahrhunderts, die sich wesentlich an der Literatur(theorie) der Griechen orientierten, stand der Garten als Paradies im

Zentrum ihrer Betrachtungen und Schwärmereien. Wieland, Brentano, Goethe – jeder schrieb wenigstens ein paar Gedichte über die Sehnsucht nach dem voll-

Der Obstgarten der Zisterzienserabtei Stams
im Tiroler Inntal

Alles beginnt in Eden

Der Apfel – mehr als eine Versuchung

Vielleicht wäre alles gut gegangen mit Adam, Eva und dem Paradies. Wäre da nur nicht dieser verlockend aussehende Apfel gewesen. Kulturgeschichtlich symbolisierte die Frucht, die im Lateinischen *malus* heißt (also verwandt ist mit *malum*, dem Bösen), lange Zeit die Versuchung schlechthin. In der antiken Mythologie löst der Apfel – sinnbildlich – den Trojanischen Krieg aus, nämlich als Paris unter den drei Göttinnen die schönste bestimmen und ihr zum Zeichen einen Apfel übergeben soll. Die Römer wiederum verbanden seinen Namen mit Pomona, der Göttin der Früchte und Gärten, Gattin des Frühlingsgottes Vertumnus, weshalb der Apfel auch ein altes Fruchtbarkeits- und Liebessymbol ist. Spätestens im Mittelalter kamen viele weitere Bedeutungsebenen hinzu. Als Reichsapfel wurde der Apfel häufig in der Hand von weltlichen Fürsten und damit als Zeichen von Herrschaft und Macht dargestellt – wegen seiner Kugelgestalt versinnbildlicht er idealiter die Ewigkeit. »Wenn ich wüsste, dass morgen die Welt unterginge, würde ich heute noch ein Apfelbäumchen pflanzen«, soll Martin Luther gesagt haben, der den Apfel zum Symbol für die Überwindung des Bösen erhob. In der Schweizer Wilhelm-Tell-Sage wiederum wird der Apfel zum Zeichen des Widerstandes gegen Ungerechtigkeit und Tyrannei. Und am jüdischen Neujahrsfest, dem Rosch Ha-Shana, isst man in Honig getunkte Apfelschnitze und bittet Gott, er möge ein gutes und süßes Jahr bescheren. Seltsam bleibt: In der Bibel wird nicht explizit gesagt, was genau mit den »verbotenen Früchten« gemeint ist. Ob es wirklich der Apfel war? Es wird wohl ungewiss bleiben …

kommenen Ort. Goethe betrieb sogar ausführliche botanische Studien. »Ein rechter Gelehrtengarten«, schrieb er, »ist nahe genug der Stadt, um ihn leicht erreichen zu können, und doch entfernt genug, um dem Staub und Lärm zu entgehen; groß genug, um den Besitzer zu zerstreuen, doch zu klein, um ihn zu absorbieren; so viel Land als erforderlich, damit das Auge sich erquicke, der Geist sich ausruhe, so viel Wege, als für einen Spaziergang nötig, und so viel Bäume, dass man sie mit Bequemlichkeit zählen kann.« Musterbeispiel der Gartengestaltung Goethes war die mit hohen Malven in Safran, Lila und Pink bepflanzte Allee, die sich in einem einst verwilderten Gartenstück an der Ilm außerhalb von Weimar befand, welches Goethe nach eigenem Entwurf in den »Garten am Stern« umgestalten ließ.

Neues Leben aus der Wüste

Als die ersten christlichen Mönche in die Wüste gingen, um Jesus nachzueifern und Gott zu suchen, hatten sie weder Harke noch irgendwelche Pflanzensamen im Gepäck. Antonius (251–356) und seine Gefolgsleute verließen die Städte nicht, um die Erde fruchtbar zu machen, sondern um sich von weltlichem Laster zu reinigen und ihr christliches Bewusstsein neu zu stärken. Das Wort Mönch leitet sich her vom griechischen *monachos*, Einsiedler, und wer es ernst damit meinte, lebte in Felsenhöhlen mehr vom Wort Gottes als von irdischen Genüssen.

Die Wüstenväter des vierten Jahrhunderts, große Heilige und weise Männer ihrer Zeit, wirkten auf die Gesellschaft extrem attraktiv. Ihr Wort strahlte über ganze Länder aus. Schüler kamen, um von ihnen Demut und Gottesschau zu lernen. Kaiser und Könige baten über Kuriere um einen guten Rat. Immerhin begann auch Antonius bald, sich um seine Nahrungsmittel selbst zu sorgen. »Mit dem Rechen brach er viele Jahre lang die Erde auf«, heißt es in einem Bericht über den Eremiten. Einmal habe er dabei einer Horde wilder Esel, die sich an seinen Büschen und dem Gemüse zu schaffen machte, mit dem Stock Einhalt geboten und das Leittier gefragt, warum es verzehrte, was es nicht selbst ausgesät hatte. »Nie wieder rührten die Tiere etwas aus dem Garten an«, heißt es in der Überlieferung, »weder einen Strauch noch ein Gemüse, nur wie schon zuvor tranken sie das Wasser.«

»Macht euch die Erde untertan« war ein Auftrag des Alten Testamentes. Mit der umwälzenden Botschaft des Christentums aber war ein neues Bewusstsein in die Welt gelangt, das nicht nur das Verhältnis zu den

Mitmenschen neu definierte, die nun keine Sklaven mehr sein sollten, sondern auch zur Umwelt. Wieder herzustellen ist das Paradies auf Erden nach wie vor nicht, aber man kann zumindest versuchen, es in gewissen Teilen vorwegzunehmen. Die Erde ist ja noch immer die Erde, und die Wälder und Seen, die Berge und Täler sind noch immer genauso schön anzuschauen wie zuvor. »Töricht waren von Natur alle Menschen, denen die Gotteserkenntnis fehlte«, heißt es im biblischen *Buch der Weisheit*, aufgeschrieben lange nach der Vertreibung, »sie hatten die Welt in ihrer Vollkommenheit vor Augen, ohne den wahrhaft Seienden erkennen zu können. Beim Anblick der Werke erkannten sie den Meister nicht …«

Und Gott ist ja schließlich noch immer der gute Schöpfergott. Der, der die nackten Menschen bekleidet. Der den Brudermörder Kain vor der Blutrache bewahren will. Der Noah und allen anderen die Rettung anbietet und schließlich den Regenbogen als Zeichen seines »ewigen Bundes« mit allem Leben in die Wolken setzt. Der sich schließlich in Jesus Christus inkarniert, um eine Lösung und Erlösung aufzuzeigen. Nicht von ungefähr bezog eine mittelalterliche Wanderlegende das Marterholz, auf dem der »Heiland« zum Erlöser wurde, auf einen Zweig, der ursprünglich unmittelbar aus dem verlorenen Paradies gerettet werden konnte; ein »edler Baum, der keinem gleicht«, wie es im Hymnus der Mönche in der Karwoche über das Kreuz heißt, »keiner so an Laub und Blüte, keiner so an Früchten reich«.

Für Gläubige wurde sichtbar, dass aus dem Stamm des Kreuzes gewissermaßen eine neue Pflanze wuchs. Es ist geboten, sich dienend nützlich zu machen, und nicht nur für die eigene Scheuer. Teilen wird zur Tugend. Und den missionarischen Aufruf Jesu, den neuen Weg nicht nur allen Menschen, sondern auch allen anderen »Geschöpfen« zu verkünden, nahmen später Heilige wie Franziskus und Antonius von Padua so wörtlich, dass sie das Evangelium sogar Vögeln und Fischen predigten.

Es ist Benedikt von Nursia (um 480–547), ein religiöses Genie, das im sechsten Jahrhundert mit seinen Klostergründungen so etwas wie einen Quantensprung innerhalb der Gesellschaft initiiert. Über lange Wege zu sich selbst wurde der Spross einer römischen Adelsfamilie zum Gründer der Abtei auf dem Montecassino in Süditalien. Als er 534 aus Texten der Heiligen Schrift und überlieferten Handreichungen eine eigene, durch Weisheit, Flexibilität und Bestimmtheit allen anderen überlegene Mönchsregel kreiert, wird er damit zum Stammvater tausender Abteien und zum Patron des neuen Europa.

Ora et labora, so die Kurzfassung seiner Regel, entfesselte dabei eine Kraft, die dem ganzen Kontinent über Jahrhunderte hinweg einen unvergleichlichen Schwung gab. »Wer nicht arbeitet, soll auch nicht essen«, hatte bereits Paulus seine Gemeinden gemahnt. Die Entdeckung der Arbeit jedenfalls, bis dahin geschmäht als niedere Verrichtung von Sklaven, gab nun mit Benedikt den von Krieg, Völkerwanderung und Chaos verwüsteten Gesellschaften den entscheidenden Impuls, ihre Landschaften neu aufzubauen. Der Heilige versteht dabei die Arbeit nicht als Götzen, nicht als Selbstzweck und nicht auf Gewinnsucht oder persönliche Eitelkeit angelegt. Richtig wird sie erst, wenn sie eingebunden ist in den Dienst am Nächsten, zur Ehre Gottes – was nahezu dasselbe ist.

Ein Mann versetzt Berge

Die Reform von Montecassino zündet wie ein Lauffeuer. Stillschweigend und beständig arbeiten die Nachfolger Benedikts über Jahrhunderte für den Aufbau Europas. Sie roden Wälder, legen Sümpfe trocken, bestellen Äcker, mahlen Korn und werden in allem die Lehrmeister ihrer Umgebung. Länder blühen auf. Neue Fruchtbarkeit kann den Hunger besiegen. Der

Das »österreichische Montecassino«:
Kloster Göttweig und seine Weinberge

Funke fliegt von Italien nach Frankreich und Irland und kommt über Schottland mit benediktinischen Missionaren wie Winfried (Bonifatius) und Wunnifried zurück in die noch barbarischen Gebiete des späteren Heiligen Römischen Reiches Deutscher Nation.

Gleichsam aus dem Ethos des Gottesdienstes heraus entwickeln sich brüderliche Verfassungen, Landwirtschafts- und Handwerkskultur, Unterrichtswesen in Klosterschulen, Sprach- und Literaturwissenschaft – und nicht zuletzt eine neue Gartenkultur, die alles Bisherige in den Schatten stellt. Alleine das starke Anwachsen der Kommunitäten in den Klöstern, die alle

Meilensteine der Klostergärten

- Ab 530: Benedikt von Nursia begründet in Süditalien das Kloster Montecassino. Seine zunächst nur für die eigenen Mitbrüder verfasste Regel wird zum Grundstein der gesamten benediktinischen Ordensfamilie und zur Charta eines neuen Europa. Die Mönche retten durch Abschriften das antike Wissen der Medizin und Botanik und entwickeln es durch eigenen Anbau und eigene Forschung weiter.

- Um 795: Kaiser Karl der Große macht sich den Erfolg der Benediktiner zunutze und erlässt in seiner Landgüterverordnung die Anordnung, in allen Klöstern und Gütern des Reiches Gärten nach benediktinischem Vorbild anzulegen.

- Um 795: Das *Lorscher Arzneibuch* versammelt als Erstes 500 Rezepturen mit Heilmitteln, die vorwiegend aus Klostergärten gewonnen werden.

- Um 820: Der Mönch Haito von der Klosterinsel Reichenau im Bodensee zeichnet für das befreundete Kloster St. Gallen den später weltberühmten *St. Galler Klosterplan* auf Pergament. Es entsteht ein neuer Kloster-Prototyp mit Klausur, Kirche, Werkstätten, Landwirtschaft, Stallungen, Schule, Krankenzimmer, Arztwohnung, Brauerei, mehreren Küchen, Bäckerei – und einem Garten, in dem sogar die einzelnen Beete idealtypisch angeordnet sind.

- Um 840: Walahfrid Strabo, der Abt von Reichenau, stellt das älteste überlieferte Gartenbuch zusammen. Sein *Hortulus* (»Gärtlein«) beschreibt in Hexametern den Aufbau eines idealen Gartens sowie die Wirkweisen von 24 Heilpflanzen.

- Um 1080: Das Heilpflanzen-buch *Macer floridus* des Benediktiners Odo Magdunensis erklärt die Heilwirkung von rund 80 Pflanzen und erreicht in volkssprachlichen Übersetzungen europaweite Verbreitung.
- Um 1100: Der benediktinische Reformorden der Zisterzienser erneuert die Klosterkultur und gibt neue Impulse für monastische Gartenanlagen.
- 1098–1179: Hildegard von Bingen, Ärztin und Äbtissin, stellt ihr Lebenswerk in den Dienst der Klostermedizin.
- um 1200–1280: Der Gelehrtenmönch Albertus Magnus verfasst wegweisende botanische Schriften, darunter sein Lehrbuch *De vegetabilibus et plantis* (1260).
- Ab 1200: Mönche werden zu den großen Landschaftsgärtnern Europas, schaffen Weinbaugebiete, brauen Bier, bauen die Land- und Gartenwirtschaft aus.
- 17.–18. Jh.: Aus der Produktion ihrer Gärten beginnen die Klöster, über ihre eigenen Apotheken in größerem Umfang pflanzliche Arzneimittel herzustellen. Herausragende Beispiele wie die *Antiqua Pharmacia* des Eremitenordens von Camaldoli in der Toskana oder auch die *Pharmacia Santa Maria Novella* der Dominikaner in Florenz errangen Weltruhm.
- 1803: Die von Napoleon ausgehende Säkularisation enteignet und zerstört europaweit tausende von Klöstern und bringt sowohl den Gartenbau der Mönche als auch deren Heilkunde zum Versiegen.
- Ab 1860: Gregor Mendel wird Abt des Augustinerstiftes Brünn, führt im Klostergarten systematische Kreuzungsversuche mit Erbsen durch und wird so zum Entdecker der Vererbungsgesetze.

auf Selbstversorgung angelegt waren, machte den Ausbau einer eigenen Landwirtschaft nötig. Durch das Gebot, Kranke und auch Gäste aufzunehmen wie Christus selbst, entstanden Hospize und die ersten Krankenstationen der Welt. Und was lag näher, als für die bedürftigen Mitbrüder nebenan auch gleich einen eigenen Heilgarten anzulegen? Mehr noch: Wenn die Kräuter den Winter über in den Trockenkammern schon so verlockend dufteten, konnte man da nicht auch noch das Eau de Toilette erfinden? Und dazu auch noch – schließlich mussten die gesegneten Kräuter haltbar gemacht werden – den guten Klosterlikör?

> »GELOBT SEIST DU, O HERR, DURCH UNSERE SCHWESTER, DIE MUTTER ERDE, DIE UNS TRÄGT UND ERNÄHRT UND SPENDET FRÜCHTE IN FÜLLE, BUNTE BLUMEN UND KRÄUTER.«
>
> Franz von Assisi

Eines ergab das andere: Wer Abendmahl halten und den Armen Brot und Trank reichen will, braucht natürlich auch Weizen und Wein. Wer das Wort Christi und die Schriften der Väter verbreiten möchte, muss lesen und schreiben können. Wer den Auftrag ernst nimmt, die Dinge der Erde nicht nur hinzunehmen, sondern zu erweitern, muss in Stoff- und Materialkunde investieren. Eine Kettenreaktion wie aus dem Bilderbuch: Aus dem positiven Denken zur Hilfe anderer entwickelt

Die Klostergärtnerei der Abtei Maria Laach

sich Wissen. Aus dem Wissen entstehen neue Anbau-
methoden und eine verbesserte Infrastruktur. Aus
diesen eine reichere Ernte. Aus der reichen Ernte
Wohlstand. Aus dem Wohlstand Ansehen und neue
Fruchtbarkeit – und bisweilen freilich auch, wovor Benedikt rechtzeitig gewarnt hatte: Übersättigung, Müßiggang und Laster.

Klostergärten nach Plan

Als eines der detailliertesten und frühesten Dokumente, die uns eine Vorstellung von den Gärten und Bauten frühmittelalterlicher Klosteranlagen vermitteln, gilt der um das Jahr 820 entstandene *St. Galler Klosterplan.* Er zeigt die Grundstruktur des idealen Klostergartens (siehe auch Seite 72), wie sie bis heute eingehalten wird, nämlich als:

- Kräutergarten (Herbularius)
- Gemüsegarten (Hortus)
- Obstgarten (Pomarium).

Neben der Einteilung des Klostergartens sind auf dem Plan auch die anzubauenden Pflanzen vorgegeben. Pro Beet wurde dabei jeweils nur eine Pflanze angesät. Dadurch wurde nicht nur die Reinheit gewahrt, sondern auch die Gefahr von Verwechslungen der zum Teil ja auch toxischen Pflanzen vermieden. Aus dem Arzneipflanzengarten wiederum entwickelten sich im Laufe der Zeit nach deren Bestimmung angelegte Pflanzenbeete, etwa für Verdauungsbeschwerden oder Atemwegserkrankungen.

Das Zerstörungswerk von Napoleon über Bismarck bis in die Moderne hat die Kultur der Klöster im mitteleuropäischen Raum schwer geschädigt. Dass ein neues Bewusstsein für die Umwelt schließlich aus dem säku-

Blick vom Weinberg auf das Kloster Neustift

larisierten Raum des liberalen Bürgertums entstand, als eine Bewegung von »Naturaposteln«, die nichts mehr mit christlichen Bezügen gemein hat, blieb nicht ohne Folgen. Es ist deshalb kein Zufall, wenn in Naturkostläden heute vielfach nicht nur Biogrünkohl angeboten wird, sondern dort, mit Duftöl und Zutaten für die Edelsteintherapie, auch gleichzeitig Zentren für esoterische Kulte entstanden.

Die technologische Revolution wie insgesamt die Art unseres modernen Lebens haben unseren Bezug zur Umwelt verändert. Wie die Neonlichter der Metropolen den einst sternenklaren Nachthimmel unseren Blicken entziehen, so haben uns die Unmengen an Ablenkungen unserer Zeit blind, taub und stumpf gemacht gegenüber der Geschöpflichkeit der Erde. Eine nachfolgende Generation hat vielleicht von dem technischen Begriff der »nachwachsenden Rohstoffe« schon gehört, aber sie weiß im Zweifelsfalle noch nicht einmal ein Ahorn- von einem Birkenblatt zu unterscheiden.

Längst haben uns dabei die Lebensmittel- und Umweltskandale der jüngsten Vergangenheit auch dramatisch die katastrophalen Folgen einer misshandelten Natur vor Augen geführt: versiegelte Landschaften, deren Flüsse sich über Nacht in tobende Ungeheuer verwandeln; verbaute Berge und Täler, die mit gewaltigen Erosionen ganze Dörfer begraben; vergiftete Böden, die gnadenlos ausgebeutet werden. Und hoch gezüchtete Nahrungsmittel, die uns regelrecht krank machen. Es sind dreißig Zentimeter Humus, nicht mehr, aus denen schließlich alles wächst. Pflanzen, Gräser, Bäume, Früchte, einfach alles. Gärtner wie Landwirte können buchstäblich jeden Tag verfolgen, wie das, was sie tun – säen, pflegen und hegen, ernten und verändern –, die Wirklichkeit ihrer Kinder und Enkel beeinflussen wird. Der Mensch trägt dafür die Verantwortung, niemand sonst.

>»DIE WICHTIGSTE AUFGABE DER ANTIKEN MEDIZIN WAR NICHT, KRANKHEITEN ZU HEILEN, SONDERN DIE KUNST DES GESUNDEN LEBENS ZU LEHREN.«
>Theresa von Ávila

Von den Mönchen lernen heißt, auch die Gesamtheit eines Gartens wieder zu umfassen, ihn verstärkt auch als eine Oase der Stille und Spiritualität zu erfahren. Als Heil- und Ruheraum, als Ort der Regeneration für Leib und Seele, der uns hilft, dem bis zum Irrsinn gesteigerten Lebenstempo unserer Zeit zumindest partiell zu entkommen und unsere strapazierten Nerven zu entlasten. Und mehr noch: Der Garten ist eine Welt im Kleinen, in der wir hautnah die Wunder der Natur erfahren und darüber hinaus auch lernen können, die verloren gegangene Einheit mit unserer Umwelt neu zu beleben.

Sonne, Mond und Sterne
Der Sonnengesang des heiligen Franziskus

Franz von Assisi (1181/2–1226) hatte ein besonderes Verhältnis
zu den Pflanzen. Gott habe uns die Erde anvertraut, so seine
Predigt, um sie zu hüten und zu pflegen. Wenn seine Kloster-
brüder Bäume fällten, verbot er ihnen, den Baum ganz unten
abzuhauen, damit er wieder sprossen könne. Auch wollte
der Heilige nicht, dass die Gärtner den Boden zu stark umgruben.
Schließlich sollten ja auch Unkraut und Feldblumen ihren
Platz finden.

Du höchster, mächtigster, guter Herr, Dir sind die Lieder des Lobes,
Ruhm und Ehre und jeglicher Dank geweiht;
Dir nur gebühren sie, Höchster, und keiner der Menschen ist würdig,
Dich nur zu nennen.

Gelobt seist Du, Herr, mit allen Wesen, die Du geschaffen, der
edlen Herrin vor allem, Schwester Sonne, die uns den Tag heraufführt
und Licht mit ihren Strahlen, die Schöne, spendet; gar prächtig in
mächtigem Glanze: Dein Gleichnis ist sie, Erhabener.

Gelobt seist Du, Herr, durch Bruder Mond und die Sterne. Durch
Dich sie funkeln am Himmelsbogen und leuchten köstlich und schön.

Gelobt seist Du, Herr, durch Bruder Wind und Luft und Wolke und
Wetter, die sanft oder streng, nach Deinem Willen, die Wesen leiten,
die durch Dich sind.

Gelobt seist Du, Herr, durch Schwester Quelle:
Wie ist sie nütze in ihrer Demut, wie köstlich und keusch!

Gelobt seist Du, Herr, durch Bruder Feuer, durch den Du zur Nacht
uns leuchtest. Schön und freundlich ist er am wohligen Herde, mächtig
als lodernder Brand.

Gelobt seist Du, Herr, durch unsere Schwester, die Mutter Erde,
die gütig und stark uns trägt und mancherlei Frucht uns bietet mit
farbigen Blumen und Matte.

Gelobt seist Du, Herr, durch die, so vergeben um Deiner Liebe willen
Pein und Trübsal geduldig tragen.

Selig, die's überwinden im Frieden: Du, Höchster, wirst sie belohnen.
Gelobt seist Du, Herr, durch unsern Bruder, den leiblichen Tod;
ihm kann kein lebender Mensch entrinnen. Wehe denen, die sterben in
schweren Sünden!

Selig, die er in Deinem heiligsten Willen findet!
Denn Sie versehrt nicht der zweite Tod. Lobet und preiset den Herrn!
Danket und dient Ihm in großer Demut!

Vom kleinen Unterschied und seinen großen Folgen

Glockenblüte im Garten des französischen Klosters Chamberaud

Klöster
gärtnern anders

Nach der Regel Benedikts war es
der Klostergemeinschaft aufgetragen, möglichst unabhängig von der
Außenwelt zu leben. Alle nötigen
Einrichtungen und Arbeitsstätten
sollten deshalb innerhalb der eigenen Gemarkung liegen. Dazu Ge-

»DU KRÖNST DAS JAHR
MIT DEINER GÜTE,
DEINEN SPUREN FOLGT
ÜBERFLUSS. IN DER
STEPPE PRANGEN DIE
AUEN, DIE HÖHEN
UMGÜRTEN SICH MIT
JUBEL.«

Psalm, 65,10/12–14

müse und Gewürze, Obst und Wein, Bienen- und meist
auch Fischzucht, Ställe für Vieh, sogar eine Mühle zur
Herstellung von Mehl für das »tägliche Brot«. Ohne
Unterschied hatten sich dabei alle Ordensmitglieder
an der Arbeit zu beteiligen. Müßiggang ist der Seele
Feind, wusste Benedikt. »Sie sind dann wirklich Mönche«, postuliert die Handschrift von Montecassino,
»wenn sie wie unsere Väter und die Apostel von ihrer
Hände Arbeit leben.«

In der Urbarmachung und Kultivierung des Bodens sahen die Mönche des Mittelalters die Möglichkeit, neue Lebensräume und Lebensformen zu entwickeln. Mensch und Natur bilden dabei gewissermaßen eine Schicksalsgemeinschaft, und es würde als Sünde betrachtet, durch eigenes Verhalten oder gewisse Methoden der Umwelt Schaden zuzufügen. Der Grund für die enorme Fruchtbarkeit des benediktinischen Lebens über all die Jahrhunderte hinweg liegt zuallererst freilich in der Tiefe der Meditation. Ohne sie, die die Existenz des Menschen stets neu in den Gesamtzusammenhang der Schöpfung stellt, ist echtes Kulturschaffen nicht möglich.

Die Aufgaben der Klostergärten

Ein Mönch, so heißt es, dessen Leben sich in den Rhythmen der Liturgie und den Zyklen der Jahreszeiten vollzieht, der seinen Geist auf spirituelle Gedanken konzentriert, seine Seele für das Göttliche öffnet und seine Hände zum Pflanzen und Ernten einsetzen kann, verfügt im Grunde über das kompletteste Werkzeug, das man überhaupt haben kann.

Bestimmt ist nicht jeder Klostergarten auch ein heiliger Ort. Auch andere, von religiösem Denken unabhängige Kulturen können Ehrfurcht vor den Pflanzen und Liebe zur Kreatur entwickeln. Das Besondere an Klostergärten allerdings ist die Komplexität ihrer Anlage, in die auch jene Dimensionen einbezogen sind, die über das rein Gärtnerische hinausgehen.

Nutzen

Die Klöster waren aus Prinzip Selbstversorger. Eine Intensivierung von Acker- und Gartenbau machte im Laufe der Zeit nicht nur der enorme Zulauf nötig – manche Abteien zählten schließlich weit über hundert Mönche –, sondern auch zunehmende Wohlfahrtseinrichtungen für Gäste, Arme und Kranke.

Heilung

In einer Zeit, in der Pflanzen die einzigen Heilmittel waren, musste der Klostergarten die wichtigsten Arzneien zur Versorgung der Kranken liefern. In den Apothekergärten waren dabei die einzelnen Beete nach den Wirkweisen der jeweils darauf angebauten Pflanzen ausgerichtet, unterschieden beispielsweise in Beete für Herz und Kreislauf, für Wundbehandlung, Schmerz, Immunstimulans oder auch für Durchfallerkrankungen, Nieren und Blase.

Heilung bewirkt der Klostergarten aber nicht nur durch pflanzliche Substanzen, die darin wachsen, son-

Brunnen im Klausurgarten des Stifts Kremsmünster

dern schon durch seine bloße Existenz als Ort der Ruhe und der Reinheit. Allein die Farbe Grün, erkannte früh die Äbtissin Hildegard von Bingen, hat eine beruhigende, aufhellende Wirkung für das Gemüt. Die verjüngende Wirkung von »Grünkraft« verglich Hildegard sogar mit der Kraft der Kreativität.

Nicht zu vergessen: Gartenarbeit hat von Haus aus einen segensreichen Einfluss auf die menschliche Psyche; vorausgesetzt natürlich, man verrichtet sie ruhig – ohne sich treiben zu lassen und auch ohne ein Getriebener zu werden.

Spiritualität

Nicht nur der Leib, auch die Seele braucht Nahrung. Um das innere Wachstum einer Person zu fördern, ist es unerlässlich, von Zeit zu Zeit sowohl seelisches Unkraut zu entfernen als auch die innerlich vertrockneten Landschaften zu bewässern – mit einem Wort: »aufzutanken«. Die Meditation sammelt das Leben, das vor Zerstreuung behütet werden muss. Da nach der Lehre der Mönche ohnehin alles mit allem verbunden ist, kann man beim Unkrautjäten auch meditieren und beim Beten umgekehrt eine Grube ausheben. Geistige, aber auch körperliche Arbeit, die schweigend verrichtet wird, gilt den Ordensleuten ohnehin als eine Fortsetzung des Gebetes.

Der nicht zu unterschätzende Teil eines Klostergartens sind die Orte der Meditation und der Schönheit. Ein Klostergarten dient der »Erbauung«. Er ist angelegt, um Freude, Gefühle, Innigkeit, Nachdenklichkeit zu Tage zu fördern und ihnen Raum zu geben. Kurz: um das Herz des Menschen zu weiten. Wer Gott dabei laut preist, wusste man, lobt nicht nur die Schöpfung, er freut sich an ihr, ist dankbar und entwickelt auf diese Weise eigene Freude, positive Energie.

Äußerlicher Ausdruck hierfür ist der Kreuzgang, eine Art Zitat des himmlischen Paradieses, auf das die Mönche warten. Auch die gestalteten Szenerien an

einem Teich, um eine Baumgruppe oder eigens angelegte Labyrinthe sollen den Menschen atmosphärisch
unterstützen, die Dimension des Geistes besser wahrnehmen zu können. Vor allem in den Klöstern der
Zisterzienser durfte hierbei der Brunnen oder ein eigenes Brunnenhaus als Inspiration und Sinnbild für den
Quell des Lebens nicht fehlen. Ein kleiner Teich, ein
leise plätschernder Bach macht den Klostergarten zu
jeder Zeit zu einem Ort von Ent-Spannung und Konzentration zugleich.

Muße

Ästhetik ist nicht an exakt gezirkelte, parkähnliche
Anlagen gebunden. Kloster- oder aber auch Bauern-
gärtlein zeichnet eine gewisse Nonchalance aus, eine
scheinbar ungeordnete Romantik, die Patina der Leich-
tigkeit. Eine sinnliche Ausstrahlung lässt den Ort zu
einem Garten der Muße werden. Muße sei dabei nicht
mit Trägheit zu verwechseln, erklärt der Religionsphi-
losoph Joseph Pieper, sie sei vielmehr »eine Gestalt
jenes Schweigens, das eine Voraussetzung ist für das
Vernehmen von Wirklichkeit: nur der Schweigende
hört; und wer nicht schweigt, hört nicht«. Wer in Muße
sich ergeht, kann gleichsam in eine Meditation über-
gehen, im Gespräch mit Gott aufgehen, einem Gedanken nachgehen, der ihm dann möglicherweise einen

ganz neuen, bis dahin ungeahnten Weg zur Bewälti-
gung einer konkreten Lebenssituation eröffnet.

Die Bereiche des Klostergartens

Der Blumengarten

Im Blumengarten, häufig auch als »Garten des Mesners«
bezeichnet, wächst der Blumenschmuck für Gotteshaus
und Kulthandlungen. An hohen Feiertagen jeweils den
passenden Schmuck zu finden, sagt
Schwester Ruth, sei dabei eine ganz
besondere Herausforderung. »Letztes Jahr fiel mir kurz vor dem Ernte-
dankfest plötzlich Psalm 65 ein«,
erzählt sie. »Du krönst das Jahr mit
deiner Güte, deinen Spuren folgt
Überfluss«, steht dort geschrieben.
Als sie darüber meditierte und bei
dem Vers »der Bach Gottes ist reich-

> »Ich betrachte gerne Felder, Wiesen, Blumen. Diese Dinge helfen mir zur Sammlung. Sie ersetzen mir die Bücher.«
>
> Teresa von Ávila

lich gefüllt« innehielt, »sah ich vor meinem geistigen
Auge einen richtigen Bach«. Das Ergebnis war ein Tep-
pich »mit den vielen Sonnenblumen, die letztes Jahr in
unserem Garten wuchsen, dazu Äpfel, Rüben, Horten-
sien, alles angeordnet bis hinauf zum Chorgestühl«. Bei
der Predigt habe der Pfarrer schließlich dasselbe Bild

Anbau von Gemüse und Blumen
in der Klostergärtnerei Mariastern

immer wieder aufgenommen und so gewissermaßen
den Bach des Psalmgebetes zum Plätschern gebracht.

In der Sprache der Heiligen Schrift dienen Blumen nicht nur zur Ausschmückung der biblischen Geschichten, sondern werden als eigene Symbole selbst zu
einer Geschichte. Gras etwa ist das Sinnbild für Vergänglichkeit. Denn »alles Sterbliche ist wie das Gras,
und all seine Schönheit ist wie die Blume auf dem Feld«,
spricht der Prophet Jesaja. »Das Gras verdorrt, die Blume verwelkt, wenn der Atem des Herrn darüber weht«.
Zum anderen ist die Blume auch Bild der ewigen

Vom kleinen Unterschied und seinen großen Folgen

Erneuerung des Lebens, ganz genau so, wie es im Hohen Lied Salomos (2, 11–12) aufgezeichnet ist: »Denn
vorbei ist der Winter, verrauscht der
Regen. Auf der Flur erscheinen die
Blumen; die Zeit zum Singen ist da.«

Blumen, Gräser, Pflanzen – die
traditionellen christlichen Schriften sind damit durchzogen wie mit
einem geheimen Code, der dem,
der ihn zu lesen versteht, anschau-
lich ein Gleichnis oder Geheimnis

> »Die Ros ist ohn'
> Warum, sie blühet,
> weil sie blühet, sie
> acht' nicht ihrer
> selbst, fragt nicht,
> ob man sie siehet.«
>
> Angelus Silesius

vor Augen führt. Und in Bildern und Kultorten – etwa
bei der Gestaltung des Altarraumes – hat natürlich
auch jede Farbe eine besondere Bedeutung. So steht
etwa Rot stets für die Liebe Gottes, Blau für Jesus. Weil
Weiß alle anderen Lichtstrahlen in sich versammelt,
symbolisiert es die Einheit Gottes. Grün wiederum ist
die Farbe der ewigen Erneuerung, die Farbe der Hoffnung, Sinnbild für Wachstum und Erkenntnis.

Lasst Blumen sprechen

Blumen waren im frühen Mittelalter in unseren Breiten eine Seltenheit. Die meisten Gewächse kamen erst
durch Kreuzfahrer nach Europa, darunter das Veilchen, die Nelke und sogar die Erdbeere. In der christlichen Symbolik wurden die schönsten und seltensten

Beispiele für christliche Blumen- und Pflanzensymbolik

APFEL   Symbol des Sündenfalls und des Gesetzes, aber auch des Erlösers Christus.

BAUM   Bild des Lebens. Leben bedeutet alttestamentlich: im Gesetz wurzeln; Gesetz ist das Wort Gottes, ein dürrer Baum der Tod.

BLATT   Ein Dreiblatt deutet auf die Dreieinigkeit; ein Vierblatt auf Gottes Königsherrschaft, die Zahl der Welt.

BLÜTE   Sinnbild für heilig. Heilig sein und Blühen sind eng miteinander verwandt.

DISTEL   Irdische Schmerzen.

DORNEN   Sinnbild der Sünde, deshalb muss Christus sie mit Schmerzen tragen. Geheiligt sind Dornsträucher, wenn sie mit dem Herrn in Berührung kommen: brennender Dornbusch, Dornenkrone.

EFEU   Unvergänglichkeit, Liebe, Treue.

EICHE   Mannesstärke, Lebensbaum, Unsterblichkeit.

ERDBEERE   Liebe, Ehe, Mutterschaft; verrät meist sexuelle Erfüllung.

FEIGENBLATT   Verdeckt die Sünde.

HAUSWURZ   Der lateinische Name »Sempervivum« will sagen: Hier findest du ewiges Leben.

HEU   dürres Gras, Weltlust und Vergänglichkeit. Der Psalmist sagt: »Alles Fleisch ist wie Gras.«

HUFLATTICH   Als Heilkraut und aufgrund seiner sonnenförmigen Blüte in doppelter Hinsicht ein Mariensymbol.

KAMILLE   Kraft, Tugend und Bescheidenheit. Gesunde Mutterschaft, eine Marienpflanze.

KIRSCHE   Verbotene Frucht; in der französischen Picardie Baum der Erkenntnis. Auf dem Tizian-Bild »Die Madonna mit den Kirschen«

hält Maria eine Kirsche – als die »zweite Eva«, welche die Sünde auf sich nimmt und sie zunichte macht.

KLEE   Sinnbild für Dreieinigkeit und Kirche.

KÜRBIS   schnelles Wachstum und große Schatten, Kürze des dahineilenden Lebens.

LAVENDEL   Tugend und Demut.

LILIE   Jungfräulichkeit, Unschuld, Keuschheit.

LORBEER   Sieg über die Welt.

LÖWENZAHN   Wie alle milchenden Pflanzen ein Symbol für Christi Tod.

MAIGLÖCKCHEN   Geburt des Heils, Attribut Christi.

MALVE   Bitte um Vergebung.

NELKE   Das »Nägelein«, zeigt die Form der Nägel vom Kreuz Christi, Symbol für Kreuzestod.

ÖLBAUM   Versöhnung, Friede, frommer Mensch.

PALME   Sieg und Frieden, Symbol der Gerechtigkeit.

PFINGSTROSE   Heilswahrzeichen, Retterin.

RETTICH   Streit, Zank.

RINGELBLUME   Symbol der Erlösung; in England *marigold* genannt.

ROSE   Königin der Blumen, Symbol Mariens.

SCHWERTLILIE   Das griechische Wort für den Regenbogen, der den »Bund Gottes mit den Menschen« symbolisiert.

VEILCHEN   Sinnbild der Demut; Farbe der Passion Jesu.

WEINSTOCK   Kraut des Lebens; Symbol des Volkes Israel. Bezeichnet »Davids Stamm, die Wurzel Jesse«, aus der der Stammbaum Christi emporstrebt.

ZEDER   Als immergrüner Baum Gleichnis der Unsterblichkeit, des immerwährenden Heils; ihr Holz galt als unverweslich. Wurde für den Tempel Salomos wie auch für die Bundeslade mit den Gesetzestafeln verwendet.

Die Rose, Königin der Blumen und Symbol Mariens

Blumen dabei stets der Gottesmutter Maria zugedacht. Das betrifft nicht nur die vollkommenste unter ihnen, die alle anderen in Form und Farbe, Heilkraft und Duft weit überstrahlt: die Rose. Maria selbst ist die »Rose ohne Dornen«, ein Mensch ohne Sünde. In Brauchtum und Mystik werden aber auch weitere Blumen mit der »Königin des Himmels« in Verbindung gebracht, etwa Marienglöckchen (Maiglöckchen), Mariennelke, Rosmarin, Mariendistel, Mariennessel, Marienblümchen (Gänseblümchen).

Der Kräutergarten

Viele Klöster beschränken sich heute weitgehend auf das »Kerngeschäft« und kultivieren in erster Linie einen Kräutergarten. Schwester Ruth kann stolz sein auf die Vielfalt in ihren Beeten. Ananasminze, Orangenminze, Pfefferminze, Hauswurz, Eberraute, Odermennig, Purpursalbei, graublättriger Salbei, Maggikraut, Basilikum, Thymian, Wallwurz, Eisenkraut … die Liste will nicht enden. Neu in Mariazell-Wurmsbach ist der Steingarten, in dem Steine als gleichberechtigte Gestaltungselemente integriert sind. Für Ruths Vorgängerin wäre das etwas zu ungeordnet gewesen. Dabei gibt diese Ecke, in der nun Gewürze mit Blumen nebeneinander gesetzt sind, dem Garten eine besondere Note. Hier schmiegen sich die Pflanzen eng an den Boden, daneben schießt der Rittersporn in die Höhe, hinten wuchert der Wallwurz – eine farblich und stimmungsmäßig bunte Mischung.

Die Grundausstattung für den Kräutergarten schlechthin geht auf die Landgüterverordnung Karls des Großen aus dem Jahre 795 zurück, die wiederum dem Beispiel der benediktinischen Klostergärten folgte. Zu der bis heute gültigen Sammlung gehörten insbesondere: *Anis – Brunnenkresse – Petersilie – Sellerie – Rainfarn* (auch Wurm- oder Kraftkraut genannt, das in vorsichtig dosierter Tropfenform den Magen aufräumt) –

Im Kräutergarten des Stifts Admont in der Steiermark

Vom kleinen Unterschied und seinen großen Folgen

Mohn – Hauswurz (eine innerlich und äußerlich anwendbare Heilpflanze, die bei den Römern dem Jupiter [= Donar] geweiht war, daher Karls Ausspruch: »Und der Gärtner soll auf seinem Hausdach den Donnerbart haben«) – *Senf – Malve – Zwiebel – Dill – Knoblauch – Minze – Liebstöckel – Fenchel – Diptam* (einziges mitteleuropäisches Rautengewächs, verwandt mit Citrus) – *Rosmarin*.

Im 16. Jahrhundert hatte die Botanik aufgrund ihrer Bedeutung für die Heilkunde einen veritablen Aufschwung erlebt. Viele Kräuterbücher datieren aus dieser Zeit. Ein ehemaliger Kartäuser begründete 1532 die Reihe der deutschen Väter der Pflanzenkunde: Otho Brunfels (1488–1534) mit seinem *Contrafayt Kreüterbuch*. Allerdings hält er sich noch stark an sein Vorbild Dioskurides. Ihm folgen ein paar Jahre später Leonhart Fuchs' *New Kreuterbuch* (1543), Hieronymus Bocks *Kreutterbuch* (1539) und viele weitere.

Der Gemüsegarten

Für viele Selbstversorger im Kloster war ein gut bestückter Gemüsegarten der Hauptsinn aller Gartenkunst. Vor allem, wenn man so abgeschieden lebte wie etwa die Gemeinschaft des Klosters Einsiedeln. Bruder Konrads Garten konnte fast immer einen großen Teil der Versorgung seiner Mitbrüder sicherstellen, von Ausnahmen abgesehen. Das Kloster liegt schließlich fast 1000 Meter über dem Meer. »Tomaten wachsen hier oben nicht, und auch mit den Gurken und den Melonen wäre das eine sehr unsichere Sache«, weiß Bruder Konrad aus seiner jahrzehntelangen Erfahrung. Auch Obstbäume sucht man hier vergebens. »Dafür haben wir öfter zu viel Brokkoli, den wir dann einfrieren müssen. Und Kohl erst!«

Wegen der Höhenlage waren hier die warmen Monate rasch gezählt, man musste schnell wachsende Sorten wählen: Sellerie, Kohlrabi, Salat, Lauch, Bohnen, Kabis, Randen (Rote Bete) und Zwiebeln. Fast so wie es in der berühmten Gartenbeschreibung von Walahfrid Strabo steht. Allerdings ist dort das Nebeneinander von Heil- und Zierpflanzen noch viel ausgeprägter als in Einsiedeln.

Quadratisch, praktisch, gut

Der Garten der frühen Mönche war nicht nur in seiner Grundform quadratisch, er unterteilte sich auch sonst in Quadrate oder Rechtecke, ob das nun die einzelnen Gartenflächen betraf oder die Beete selbst. Die heutigen vielfach geschwungenen Formen jedenfalls waren gänzlich unbekannt.

Biblische Pflanzen

In der Bibel werden etwa 110 Pflanzenarten genannt. Sie haben entweder einen großen Symbolcharakter oder gehören zu den damals verwendeten Nutzpflanzen, Nahrungsmitteln, Heilmitteln, Färb- und Duftstoffen. Insbesondere zählen hierzu: Feigenbaum, Myrte, Zypresse, Weinrebe, weiße Lilie, Ginster, Jochblattstrauch, Tamariske, Dattelpalme. Der Weihrauchstrauch war von Bedeutung für den damals schon florierenden Weihrauchhandel. Der Blaue Lotos wiederum war wegen der schönen, duftenden Blüten geschätzt. Da sich seine Blüten morgens mit dem Öffnen über die Wasseroberfläche erheben und abends nach dem Schließen wieder untertauchen, wurde der Lotos zum Symbol der göttlichen Erneuerung und der Auferstehung.

Der Ölbaum galt als der Baum Christi schlechthin. Olivenöl stellte schon im Altertum einen wichtigen Exportartikel Palästinas dar. Die so genannten ungesättigten Fette dieses Öls gelten heutzutage als besonders gesundheitsförderlich und stärken die Immunabwehr des Körpers.

Wohl kein Zufall ist es auch, dass die wichtigsten Ereignisse der Bibel sich gerade in Gärten abspielen. Ob das nun die Schöpfung des Menschen im Paradiesgarten ist, die Todesangst Jesu im Ölgarten oder aber auch seine Auferstehung im Garten mit dem leeren Grab.

»Der Garten und die daraus hervorgehenden Früchte«, so der irische Benediktiner Brian Murphy, »werden damit zu einem umfassenden Bild, einem Zeichen der Hoffnung, in dem wir das Geheimnis von Leben, Tod und Auferstehung erkennen können.«

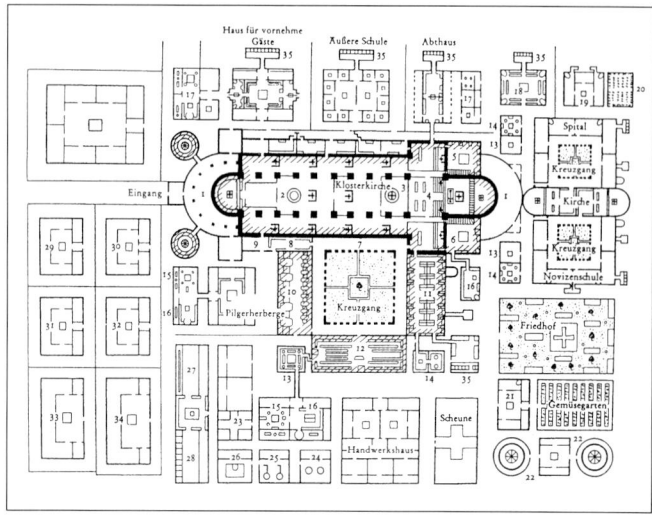

St. Galler Klosterplan.
Ganz oben rechts (Nr. 20) befindet sich der Kräutergarten,
darunter das Spital, dem sich der Friedhof (Obstbaumgarten)
und der Gemüsegarten anschließen.

Auf dem St. Galler Klosterplan von 820 ist der
Gartenbereich in Kräuter- *(Herbularius)*, Gemüse-
(Hortus) und Obstbaumgarten *(Pomarium)* aufgeteilt.
Schmale Wege gliedern ihn in vier gleich große Flä-
chen, in der Mitte stoßen die Wege zu einem kleinen
Quadrat, in dem möglicherweise ein Baum oder ein
Brunnen angelegt werden sollte.

Vom kleinen Unterschied und seinen großen Folgen

In der östlichen Ecke der Anlage liegen das Haus für Aderlässe, das Arzthaus, die Apotheke und der Kräutergarten. Hier wuchsen neben Bohnenkraut, Frauenminze, Rosmarin, Pfefferminze, Salbei, Raute gegen Magenleiden, Poleiminze gegen Ungeziefer, Krauseminze, Kreuzkümmel, Liebstöckel und Fenchel auch Blumen (Weiße Lilie, Rosen, Schwertlilie), Bockshornklee und als einziges Gemüse Stangenbohnen. Viele der Pflanzen dienten allerdings auch medizinischen Zwecken: Aus der Rose etwa wurde Rosenöl gewonnen, die Stangenbohnen wiederum zog man wegen ihrer Wasser treibenden Wirkung.

Weiter südlich liegen der Friedhof mit dem Baum- und dem Obstgarten, wo Apfel-, Birnen- und Pflaumenbäume angegeben sind, dazu Speierling, Mispelbaum, Edelkastanie, Quitten, Pfirsich, Haselnuss, Maulbeerbaum und Walnuss. Die Auswahl an anderen Bäumen war wohl eher hypothetisch: Mandelbaum, Pinie, Lorbeer und Feigenbaum können in unseren Breitengraden nur mit sehr viel Pflege oder wegen der Frostgefahr gar nicht überwintern.

Noch südlicher stehen der Gemüsegarten und das Gärtnerhaus. Vorgesehen waren hier Zwiebeln, Schalotten, Petersilie, Lauch, Sellerie, Dill, Rettich, Mangold, Kerbel, Lattich, Bohnenkraut, Pastinak (der wie Rucola und Bärlauch in den letzten Jahren für unsere Küche wieder entdeckt worden ist) und Kohl. Dazu kommen noch Koriander, Mohn, Knoblauch und Schwarzkümmel.

Fast identisch mit St. Gallen ist die Bepflanzung im Garten von Walahfrid Strabo, dem Abt von Reichenau. *Hortulus* ist eine poetische Darlegung von Strabos Gartenwissen, das zum Teil von antiken Vorlagen stammt, aber um eigene Erfahrungen ergänzt wird. Er war offenbar auch kein Verächter eines guten Tropfens: Zum Kühlen von Wein empfiehlt er nämlich ausgehöhlte Kürbisse. Was an Pflanzensorten von St. Gallen her nicht schon bekannt ist, ergänzt Walahfrid mit Wermut, Andorn, Heilziest, Odermennig und Schafgarbe.

Der Abt von der Reichenau rühmt in seinen Versen nicht nur die Schönheit des beschaulichen Lebens, die gerade in Anlage und Pflege eines Gartens genossen werden könne. Strabo gibt immer auch ganz konkrete Anleitungen über die Grundlagen einer richtigen Bewirtschaftung. Vom Boden etwa weiß er, dass jeder die ihm entsprechenden Pflanzenarten hervorbringen könne, ob sandig, steinig oder feucht, wenn

Du nur seine Pflege nicht vernachlässigst,
Noch die mühsame Arbeit verachtest
Oder dich vor Wind und Wetter scheust,
Sondern reichlich Mist auf die Erde streust.

Das stille Herz des Klosters

Kein Kloster ohne Kreuzgang. Er ist das stille Herz jeder monastischen Niederlassung. Wie die Römer, die ihre Wohn- und Nutzräume so anlegten, dass in der Mitte ein zentraler Innenhof entstand, schufen auch die geistlichen Gemeinschaften immer ein so genanntes *claustrum* (= Riegel, Verschluss, Bollwerk), einen Ort, an dem sie jederzeit Schutz und Ruhe fanden. Bis in unsere Tage gehört mindestens ein Teil der Klostergärten, meist der Kreuzgang, normalerweise zur so genannten Klausur (lateinisch *claudere* = abschließen), zu jenem Bereich also,

> »EINE KULTUR DER ACHTSAMKEIT, DIE GEPRÄGT IST VOM EHRFÜRCHTIGEN DIALOG MIT GOTT, WIRD DIE SYMPHONIE ZWISCHEN MENSCH, ÖKONOMIE UND SCHÖPFUNG ERSTEHEN LASSEN.«
>
> Abt Gregor Hanke

den ausschließlich die Ordensmitglieder betreten dürfen. Ausnahmen gibt es gelegentlich, wenn zusätzliches Personal gebraucht wird.

Selbst in den Kreuzgängen aufgehobener Klöster, die also für die Öffentlichkeit zugänglich sind, ist die besondere Kraft dieses Ortes spürbar. Der Gang unter den Säulen bietet Schutz vor Sonne, Wind und Kälte. Seine Abgeschlossenheit zieht einen geradezu körperlich an. Jedenfalls geht es mir so, und ich nutze jede

Übung:
Ihr ganz persönlicher Gartenkalender

Aufzeichnungen sind wichtig, um von Jahr zu Jahr mehr über die
Bedingungen in Ihrem eigenen Garten und Ihre eigenen Vorlieben zu
erfahren. Gleichzeitig machen Sie Beobachtungen über die Kreisläufe
der Natur. Kaufen Sie sich einen schönen Kalender, am besten mit
bereits vermerkten Sonnen- und Mondphasen. Pro Tag sollte mindestens eine freie Seite für Ihre Einträge vorhanden sein. So haben Sie
auch genug Platz für Zeichnungen und können vermerken, welche
Pflanze wann austreibt, blüht, Samen ansetzt und wie Sie sie ernteten.
Ist alles auf einer Seite aufgezeichnet, fallen Ihnen auch eher Zusam-
menhänge auf als bei getrennt geführten Heften. Notieren Sie möglichst
ausführlich nicht nur Ihre Pflanzzeiten und die jeweiligen Ergebnisse,
sondern falls möglich auch:

• Höchst- und Tiefsttemperaturen des Tages sowie Abendtemperatur
  um ca. 17 Uhr (Winterzeit) bzw. 18 Uhr (Sommerzeit). Als
  Thermometer dient ein Mini-Max-Thermometer, angebracht an
  einem geschützten Ort, zwei Meter über dem Boden.
• Niederschlagsmenge pro Tag mit einem Regenmesser. Liegt Schnee,
  messen Sie die Dicke der Schneedecke in Zentimetern oder lassen
  die Schneehaube über dem Regenmesser im Zimmer auftauen.
• Windrichtung (evtl. mehrmals am Tag), gemessen mit einem
  Windmesser, etwa einem kleinen Fähnchen.
• Art der Bewölkung. Notieren Sie, welche Wolkenart (Stratokumuli,
  Hakenzirren etc.) Sie zu welcher Tageszeit beobachten.
• Sonnenscheindauer pro Tag.
• Himmelserscheinungen (z. B. Ringe um die Sonne, Farbe des
  Himmels am Morgen bzw. Abend, Sterne).

Gelegenheit, einen Kreuzgang zu betreten und mich eine Weile dort aufzuhalten. Dieser Ort der Meditation und Begegnung scheint nirgendwo anzufangen und nirgendwo zu enden. Er repräsentiert einerseits die fortlaufende Suche nach dem Sinn des eigenen Lebens und des Lebens im christlichen Verständnis an sich, das mit dem Dasein auf der Erde weder anfängt noch aufhört. Darüber hinaus symbolisiert er die Situation des Herkules am Scheideweg, die in der griechischen Mythologie den Menschen im Kampf mit sich selbst darstellt, wie er sich entscheiden muss, ob er den (schwierigeren) Weg der Tugend oder den (einfacheren) des Lasters nehmen will.

Von der Arbeit
und vom Lohn

Salbei und Thymian rund ums Beet halten Schnecken fern.

Tugenden aus dem Gartenreich

> »TUT EURE ARBEIT
> GERN, ALS WÄRE
> SIE FÜR DEN HERRN
> UND NICHT FÜR DEN
> MENSCHEN.«
>
> Paulus

Es entspricht monastischer Art, sein Leben in Zurückgezogenheit und vor allem auch in geordneten Bahnen zu organisieren. »In allem halte Maß.« In diesen vier Wörtern liegt die zentrale Botschaft Benedikts. Das rechte Maß nennt er die »Mutter aller Tugenden«. Dem Gottesdienst sei nichts, aber auch gar nichts vorzuziehen. Aber selbst hier gilt es, eine gewisse Mitte einzuhalten, eine geistliche Hingabe immer auch mit einer ausgleichenden körperlichen Beschäftigung gewissermaßen zu »erden«. Wer nicht im rechten Maß ist, fällt aus der gegebenen Ordnung heraus: Unmaß bringt Unheil. Der Mensch stimmt dann nicht nur nicht mehr mit den Grundlinien der Schöpfung überein, in der alles ausgewogen ist, sondern auch nicht mehr mit seiner eigenen Mitte.

Hildegard von Bingen begriff die Lehre von Maß und Mitte in einem noch umfassenderen Zusammenhang. »Wenn der Mensch sündigt«, lehrte die Benediktinerin, dann gerate nicht nur er persönlich in Schieflage – zu seinem Körper, seinem Geist –, dann leide auch »der Kosmos«. Wer sich dagegen die Achtung vor dem Geschaffenen bewahre und sich in der eigenen Lebensführung zu beherrschen lerne, könne aus dieser Haltung eine Heilkraft schöpfen, die ihn gesund erhalte. Ein Gärtner kann dies Tag für Tag aufs Neue nachvollziehen. Nicht nur im Kreislauf der Jahreszeiten, sondern schon mit jedem Morgen, der alle Pflanzen öffnet, und mit jedem Abend, der sie schließt, damit sie in dem für sie bestimmten Rhythmus weiterleben können.

> »WENN DER MENSCH ORDNUNG EINHÄLT, DANN WIRD ER NICHT VERWIRRT.«
>
> Weisheit der Wüstenväter

Von den Prinzipien der Klostergärtner

Ordnung und Sorgfalt

Ordnung ist für Nonnen und Mönche kein Selbstzweck oder ein Spleen so genannter »Ordnungsfanatiker« und Kleinkrämer, sondern eine Tugend, deren Wert offensichtlich ist. Sie hält das Handwerkszeug gebrauchsfähig, beugt Schmutz und mangelnde Hygiene vor. Wer Unordnung duldet, neigt auch dazu, weniger sorgfältig mit Ressourcen umzugehen und sie zu verschwenden. »Wenn einer die Sachen des Klosters verschmutzen lässt oder nachlässig behandelt«, so hält deshalb das Regelwerk des heiligen Benedikt fest, »werde er getadelt.«

Im Zusammenhang zwischen »innerer« und »äußerer« Ordnung liegt ein Geheimnis. Schon der Wüstenvater Abbas Pomen lehrte, dass die äußere Ordnung uns nicht nur besser organisiert, sondern uns auch vor Verwirrung bewahrt. Wer um sich herum im Chaos versinkt, ist auch in Gedanken und in seiner Seele »durcheinander«. Er ist dann innerlich nicht »aufgeräumt«. Umgekehrt entwirrt äußere Ordnung die Verwicklungen der Seele und strukturiert das innere Chaos. »Sie ist die Bedingung dafür«, notiert der Benediktiner Anselm Grün, »dass wir selbst leben können, anstatt gelebt zu werden.«

Zur Ordnung gehören gewisse Rituale, die man einhält und die einem helfen, sein Tagwerk zu gestalten. Man muss nicht jedes Mal neu darüber nachdenken und neu entscheiden, was wann zu tun ist. Ordnung ist eine Wohltat – schon allein deshalb, weil man nicht stundenlang nach Werkzeug suchen muss. Wie heißt es doch: Ordnung ist das halbe Leben.

Alles hat seine Zeit

»Alles hat seine Zeit«, heißt es im Buch Kohelet des Alten Testaments, »es gibt eine Zeit zum Pflanzen und eine Zeit zum Ernten.« Ein Garten gibt die Zeit vor. Die Natur selbst bestimmt, was wann zu tun ist. Und es ist unsinnig, dagegen anzugehen, denn niemand wird im Winter Äpfel ernten und im Sommer Kartoffeln pflanzen. Der Klostergärtner hört auf diesen heilsamen Lehrer. »Eile mit Weile«, sagt auch das Sprichwort; nichts wird richtig getan, wenn es zu hastig getan wird. Denn: In der Ruhe liegt bekanntlich noch immer die wirksamste Kraft. – Auch Pflanzen brauchen Ruhe, und der Mensch sowieso.

Bete und arbeite

Ora et labora, bete und arbeite, ist die Quintessenz der Lehre Benedikts. Man kann arbeiten. Man kann beten. Aber nur beides zusammen ergibt die richtige, die wirklich befriedigende und erfolgreiche Mischung. Nur die betende und die arbeitende Hand zusammen sind wahre Menschenhände. Jede Einseitigkeit führt in die Schieflage.

Rücksichtnahme und Freundlichkeit

Das Mönchtum ließ weder eine besondere Frömmigkeit noch den Rang oder das Wissen einzelner Mitbrüder als Entschuldigung für Nachlässigkeiten gelten. Auf Respekt und Rücksicht hatten die anderen ganz einfach einen Anspruch. Und Freundlichkeit und positive Ausstrahlung konnte man sich am besten im eigenen Blumengarten abschauen. Die Natur selbst war der beste Lehrmeister darin, sich zu öffnen, anderen entgegenzukommen, sich von seiner schönen Seite zu zeigen, zu strahlen – selbst zu einer lichthaften Erscheinung zu werden.

Der heilige Benedikt hatte diese Verhaltensformen nicht nur empfohlen, sondern sie in seinen »Werkzeugen der geistlichen Kunst« regelrecht angeordnet: »Alle Menschen ehren«, heißt es darin beispielsweise, oder: »Nicht Böses mit Bösem vergelten« und »die Älteren ehren, die Jüngeren lieben«.

Die richtige Einteilung

»Mein Sohn, arbeite täglich nur so viel, als dein Körper, wenn du liegst, Raum einnimmt«, heißt es in einer Weisheit der Wüstenväter, »und so wird deine Arbeit allmählich voranschreiten, und du wirst dabei nicht verzagt sein.« Die Geschichte geht weiter: »Als der Jüngling das gehört hatte, handelte er danach, und in kurzem war der Acker gereinigt und urbar gemacht.«

Wer vor einer großen Aufgabe steht, fühlt sich oft von vornherein entmutigt. Es ist ein riesiger Berg, den man abtragen muss. Wo soll man überhaupt anfangen? Es ist nicht zu schaffen. Man fühlt sich wie gelähmt. Man schreckt zurück und gibt gleich auf.

Die Alten gaben den Rat, nicht auf den ganzen Acker zu schauen. Es genüge schon, wenn man jeden Tag so viel Erde umgräbt, wie sein Körper Raum einnimmt. Das ist nicht viel. Das ist leicht zu bewältigen. – Aber wenn man jeden Tag nur so viel arbeitet, wie man vermag, wird der Acker dennoch in kurzer Zeit urbar gemacht sein. Schritt für Schritt, eines nach dem anderen tun. Immer nur ein Stück, ohne uns zu überfordern.

Was du machst, das mache richtig

Klostergärtner sind – nach der Regel – fleißige Menschen. Und was sie tun, das tun sie nicht nur ordentlich, sondern auch gewissenhaft und ganz. Es sei meist gar nicht so wichtig, welcher Aufgabe sie nachgehen. Wer will schon beurteilen, ob die eine wirklich wichtiger ist als die andere? Entscheidend sei lediglich, dass man seine Sache richtig mache. Nur so bringe sie am Ende auch Befriedigung und Erfolg. Halbe Sachen taugen nichts.

Zurückgeschnitten grünt es immer neu

Succisa verescit ist ein Grundprinzip benediktinischen Handelns: Immer wieder zurückgeschnitten, grünt es neu; auch wenn das manchmal schmerzhaft ist. Bloßes

Wuchern zeigt zwar schnell Triebe, aber diese haben wenig Saft und Kraft, bleiben unfruchtbar. Es entstehen keine Wurzeln. Das gilt nicht nur für Bäume und Pflanzen. Alles treiben zu lassen, dem Notwendigen aus dem Weg zu gehen, kann zwar zunächst angenehmer sein, wird aber weder einer Pflanze gut tun noch der Reifung eines Menschen.

Gelassenheit, Geduld – und noch ein paar Tugenden mehr

Gartenarbeit kultiviert die Erde und zugleich den Menschen. Sie baut *Brücken*. Von unten nach oben, von sich zu dem anderen. Sie bewirkt die *Veredelung* dessen, was vordem ein wenig rau und unbefruchtet war. Der Garten ist eine Schule für *richtiges Verhalten* wie für die Wechselbeziehungen von Ursache und Wirkung. Er fördert und fordert grundlegende *Einsichten* und *Tugenden*:

- Am Anfang steht Stabilitas, *Beständigkeit*. Davonstehlen gilt nicht. Wer seine *Aufgabe* im Stich lässt, riskiert Verwilderung und Brachtum.
- Der gärtnernde Mensch macht Erfahrung mit *Zeit*, mit der er nicht willkürlich und unachtsam umgehen kann. Sie ist ihm vorgegeben und begrenzt. Er muss sie nutzen. Er lernt, wendig mit ihr umzugehen, im *Einklang* mit dem, was ist – und was er ist.

Nonne bei der Gartenarbeit, Kloster Eibingen

- Er erfährt, dass *Hochmut* nicht weiterführt und *Stolz* bestraft wird. Um etwas vorwärts zu bringen, muss er sich einfügen und dienen. Wer keine Demut aufbringt, wird weder das Wesen eines Gartens kennen lernen noch eine *Ernte* einfahren. Man muss sich bücken können. Sich nicht zu schade sein für Schmutzarbeit. *Geduld* aufbringen.
- Paradox: Manche Dinge kann man nur verändern durch stille Hinnahme und *Erleiden*.

- Liebevoll umgehen, nichts brechen. Gefordert sind *Hinwendung* und *Ausdauer*.
- Man sollte darauf bedacht sein, in *Gelassenheit* das Nötige zu tun und das, was man nicht schaffen kann, auf sich beruhen zu lassen.
- Ein guter Gärtner hegt und pflegt. Er arbeitet mit *Liebe*, anders geht es nicht. Er stellt sich keineswegs in den Vordergrund. Er geht mit äußerster *Behutsamkeit* vor und überfordert weder die Natur noch sich selbst.
- Wer sich gegen die *Natur* versündigt, muss immer mit Fehlentwicklungen rechnen. Schnelle Ausbeutung wird auch ebenso schnell bestraft. Es wächst nichts mehr nach.
- Der gute Gärtner vergiftet nicht; er *nährt* – und wird *genährt*. Denn wer gibt, dem wird gegeben.
- Die *Freude* und das *Glück* über die Früchte seiner Arbeit sind ein *Geschenk*, das meist noch mehr wiegt als die Früchte selbst.
- Im kleinsten Samenkorn, das über Nacht aufgeht, liegt ein unbegreiflicher Zauber. Und wie es noch nicht einmal ein einziges Schneekristall gibt, das mit einem anderen in Gestalt und Größe identisch ist, gibt es kein Ende des Staunens über die Vielfalt der *Wunder*, die sich jeden Tag ereignen. Was bleibt? *Lobpreis* und *Dankbarkeit*.

Vom Kampf im Klostergarten

Wer sich mit dem Gedeihen von Pflanzen beschäftigt, möchte ungern um den Lohn seiner Arbeit gebracht werden. Als es die Chemie als moderne Wissenschaft noch nicht gab, war die Natur der einzige Meister, von dem man lernen konnte, seinen Garten von Schädlingen frei zu halten und das Wachstum zu begünstigen. Schon lange bevor der Jenaer Zoologieprofessor Ernst Haeckel 1866 den Begriff »Ökologie« prägte, wurde er bereits in den Klöstern praktiziert.

Die Wirkung einiger klösterlicher Ökomittel ist geradezu legendär, zum Beispiel jene des Kompostzusatzes »Humofix« aus der Benediktinerinnenabtei zur Heiligen Maria in Fulda. Eine Nonne unternahm dort interessante Versuche mit einem Kräuterpulver, das Gartenabfälle in unglaublich kurzer Zeit in gute Komposterde umwandeln soll. Nach diesem Rezept wird nun in der Abtei Fulda seit 1953 Humofix hergestellt und vertrieben (siehe Anhang).

Im Unterschied zu anderen Kompostarten, die auf Bakterienkulturen aufbauen, besteht Humofix aus Kräutern, und zwar aus folgenden: Baldrian, Brennnessel, Kamille, Löwenzahn und Schafgarbe. Zur jeweiligen Blütezeit gepflückt, getrocknet, vermahlen und vermischt mit pulverisierter Eichenrinde, Milchzucker

Biotipps

Gegen Pilzkrankheiten:
ACKERSCHACHTELHALM-TEE
Zubereitung: 200 g getrockneter Schachtelhalm eine Stunde in
10 l Wasser kochen.
Anwendung: 5 bis 10fach verdünnt spritzen.

Dünger für stark zehrende Pflanzen
(wie Kohl, Tomaten, Kartoffeln):
BRENNNESSEL-JAUCHE
1 kg Frischkraut (vor der Blüte) in 10 l Wasser ansetzen und ca.
1–2 Wochen gären lassen, bei kühler Witterung etwas länger; täglich
umrühren. Die fertige Jauche ist daran erkennbar, dass sie dunkel
ist und nicht mehr schäumt.
Die beim Gären entwickelten starken Gerüche können mit etwas
Gesteinsmehl und Humofix-Pulver gemildert werden. Anwendung:
20fach verdünnt an Pflanzen gießen. Verwenden Sie unbedingt
genügend große Gefäße aus Holz, Kunststoff, Steingut und Ton,
ungeeignet sind dagegen Metallbehälter. Die Gefäße müssen beim
Gären abgedeckt werden, allerdings mit luftdurchlässigen Deckeln.
Neben der Brennnessel eignen sich auch Beinwell, Fenchel, Kamille,
Liebstöckel, Ringelblume, Rainfarne, Kohlblätter, Rote-Bete-Blätter,
Rasenschnitt und Gartenunkraut (Vogelmiere, Ehrenpreis, Hirten-
täschel, Löwenzahn) als Grundlage für Düngejauchen.
Beachten Sie, wenn Sie Unkraut verwenden, dass es noch keine
Samen trägt. Falls doch, filtern Sie die Jauche vor dem Gebrauch.
Manchmal dauert das Gären der Pflanzenjauche etwas länger, zum
Teil bis zu drei Wochen. Sie wird dann im Verhältnis 1 : 10 verdünnt
angewendet.

Klostergarten St. Stephan, Augsburg

und Honig wird aus ihnen – in homöopathischer Dosis – ein süßliches Pulver. Für einen kubikmetergroßen Komposthaufen sind gerade einmal 0,6 Gramm Humofix nötig, angerührt mit einem halben Liter (Regen-) Wasser – und schon vermehren sich Rottebakterien und Pilze ausgesprochen schnell und beschleunigen den Zerfall des Pflanzengewebes. Zusatzeffekt: Das Kräuterpulver lockt Regenwürmer an, die den Zersetzungsprozess weiter vorantreiben.

Schwester Ruth hat für das Kloster Mariazell-Wurmsbach ein seit alters gebrauchtes Düngemittel übernommen: die Brennnessel- und Beinwell-Jauche. Wenn allerdings ihre Schülerinnen gerade von den Schulferien zurückkommen oder Blumenschmuck für die Kirche gebraucht wird, verzichtet sie auf die Behandlung mit Jauche: »Der Gestank kann einem die Freude am schönen Anblick sonst rasch verderben!«

Eine weitere Natursubstanz ist der Tiermist. Im Kloster Einsiedeln profitieren die Gärtner dabei von der hauseigenen Pferdezucht. Der Gelehrtenmönch Albertus Magnus wiederum empfahl Geflügelmist. Weil dieser weit mehr Stickstoff enthält als alle anderen tierischen Dünger, darf er aber nie direkt, sondern nur als Jauche eingesetzt werden. Hühnermist gibt es übrigens auch getrocknet in Tüten zu kaufen.

Von der unbewaffneten Gartenpolizei

Auch wenn jedes Wesen ein Geschöpf Gottes ist – nicht jedes Tier muss sich deshalb gleich in unserem Garten einnisten. Zum Beispiel Schnecken, die uns den Salat wegfressen. Oder Wühlmäuse, Blattläuse, Wanzen. Da hilft manchmal jede noch so durchdachte Mischkultur nicht, obwohl das sicher der erste Schritt gegen »Kahlschlag von außen« ist. Die Klostergärtner kennen auch hier viele Rezepte, wie Schädlinge nicht nur abgewehrt, sondern gleichzeitig die Pflanzen gestärkt werden können. Eine Methode ist die Schädlingsabwehr durch die natürliche »Gartenpolizei«:

- *Ameisen* zum Beispiel sind die »Müllmänner des Gartens«. Wenn's allerdings zu viele werden, einfach einen Blumentopf über den Eingang zu ihrem Bau stülpen. Bauen sich die Ameisen darin ein neues Nest, kann man es an einen anderen Ort tragen.
- *Blindschleichen*, die Nacktschnecken, Würmer und Larven fressen und am liebsten in einem schön warmen Komposthaufen wohnen, sind auch sehr nützliche Gartengenossen.
- *Florfliegen und Frösche* fressen Blattläuse.
- *Igel* sind hinter Nacktschnecken, Mäusen und Raupen her und mögen auch Fallobst. Sie überwintern gern unter Laub und Reisig. Aber Achtung: keine Milch hinstellen, davon bekommen sie Verdauungsstörungen! Höchstens eine Schale mit Wasser.
- *Vögel* vertilgen fast alle Insekten, von der Spinnmilbe bis zur Blattlaus. In einem Nistkasten verlängern die Vögel den Aufenthalt in Ihrem Garten.

In Klostergärten entwickelte man aber auch aktiv Wirkstoffe gegen Schädlinge: *Ofenruß aus Holz* (keine Kohle wegen der Schwermetalle!), empfohlen von Albertus

Tipp:
Stellen Sie 1000 »Mitarbeiter« ein!

Manchmal nützt auch der beste Wille zum »biologischen Daumen« nicht, um gefräßigem Ungeziefer Einhalt zu gebieten: weder Seifenwasser noch Brennnesselsud oder Rapsöl. Bevor Sie in den Giftschrank greifen, versuchen Sie es erst mit (ein paar tausend) natürlichen »Mitarbeitern«. Lebende Schädlingsbekämpfer können Sie sich sogar mit der Post nach Hause liefern lassen. Nützliche Insekten sind etwa die heimischen Siebenpunkt-Marienkäfer, deren Leibspeise Blattläuse sind. Oder die *Heterorhabditis bacteriophora*, eine Nematoden-Art, gegen Dickmaulrüssler und andere wurzelfressende Insektenlarven. Auch Florfliegen *Chrysoperla carnea* fressen Blattläuse. Sie sind besonders hungrig und vertilgen bis zu 500 Läuse – pro Florfliege! Statt Rückstände zu hinterlassen, wie das bei Chemikalien das Problem ist, fliegen die Nützlinge weg, wenn sie alle Schädlinge gefressen haben, oder sterben. Erkundigen Sie sich im Gartenfachhandel.

Beachten Sie: Nicht alle Nützlinge sind in unseren Breitengraden erlaubt. Der Asiatische Marienkäfer zum Beispiel kann zur regelrechten Plage werden, weil er hier keine Feinde hat. Darum unbedingt erst prüfen, welche Sorten erlaubt sind, sonst drohen Strafen bis zu 5000 Euro! Eine Liste mit den in Deutschland erlaubten Nützlingen finden Sie auf der Homepage der Biologischen Bundesanstalt für Land- und Forstwirtschaft BBA (www.bba.de ➤ Pflanzenschutz ➤ Biologischer Pflanzenschutz ➤ Nützlinge in Deutschland).

94   Von der Arbeit und vom Lohn

Magnus, ist zum Beispiel eine Kriechbremse für Schnecken. Alternativ helfen auch Gerstenspreu, *Steinmehl* oder gehäckseltes Schilf. Die Klöster profitierten zudem von ihren hohen Mauern, doch kleine *Schneckenzäune* aus Draht oder Kunststoff (nach außen gebogen) tun's auch. Noch effizienter ist allerdings das *Absammeln* von Schnecken am frühen Morgen.

Aus mittelalterlichen Klöstern stammen auch *Tipps gegen Mäuse*. Statt schwere Gifte wie Arsen zu verwenden, wählten Gärtner eine giftfreie, trotzdem nicht gerade tierfreundliche Methode, gegen die sich Franz von Assisi vermutlich energisch verwahrt hätte: Aus Gips, Butter und zerstoßenem Glas wurden kleine Küchlein geformt und als Köder ausgelegt. Humaner freilich ist das Vorgehen mit einer Randbepflanzung aus Steinklee. Das natürliche Pflanzengift Cumarin hält durch seinen Geruch die Mäuse fern.

Der Kreuzgang von Santiago – Ort der Meditation und Begegnung

LEKTION III

Von den Geheimnissen der Klostergärten

Das Monatsbild März, die »Gartenbestellung«, aus dem Bilderzyklus im Kloster Benediktbeuern, um 1690

MARTIVS.

Rund ums Gartenjahr – die besten Tipps aus zwölf Jahrhunderten

> »GELOBT SEIST DU, O HERR, DURCH UNSRE SCHWESTER, DIE MUTTER ERDE, DIE UNS TRÄGT UND ERNÄHRT UND UNS FRÜCHTE SPENDET, BUNTE BLUMEN UND KRÄUTER.«
>
> Franz von Assisi

Jeden einzelnen Monat stehen in einem Garten neue, von der jeweiligen Jahreszeit vorgegebene Aufgaben und Pflichten an. Säen, Pflegen, Bewässern, Ernten, Lagern – dem Rhythmus des Gartenjahrs liegt der ewige Kreislauf von Werden und Vergehen zugrunde. Gärtner haben immer viel zu tun. Selbst im Winter können sie nicht wirklich die Hände in den Schoß legen. Oder im Sommer nur im Schatten sitzen oder Beeren naschen. Dank einer klugen, überlegten Planung wird fast das ganze Jahr über gesät, gepflanzt und geerntet. Der Zyklus der Natur mit seiner genialen Einteilung in vier Jahreszeiten gibt dabei eine positive Ordnung vor, die auch der Mensch nachvollziehen sollte.

Der Frühling

Für den Gärtner beginnt das Jahr im März. Erste zarte *Blümchen* wie Märzenbecher, Krokus oder Schlüsselblumen, die zwischen den letzten Schneeflecken hervorsprießen, künden vom Frühlingserwachen. Während wir im März auch gern noch Handschuhe oder einen warmen Mantel tragen, schützen sich diese Blumen und anderes Frühlingsgewächs wie Leberblümchen, Huflattich, Blausternchen, Buschwindröschen, Veilchen oder Lerchensporn gegen Schauer und frostige Nächte mit Haarpelzen oder wächsernen Überzügen, nachts können sie sich fest verschließen. Nach der Frostperiode ist der Boden ohne Nährstoffe, doch als Stauden sind diese Blümchen nicht auf Nährstoffzufuhr von außen angewiesen, sie leben von den gespeicherten Vorräten des vergangenen Jahres. Gegen hungrige Hasen und anderes Wild schützen sie sich wirkungsvoll mit ihrem Gift.

März ist große Saatzeit für den Gemüsegarten. Säen Sie unbedingt an milden Tagen, wenn die Erde oberflächlich trocken ist. Am besten beginnt man mit den *Erbsen*, unter denen es wenig kälteempfindliche Sorten gibt (z. B. Palerbsen). Wenn Sie gestaffelt säen (z. B. alle zwei Wochen), werden Sie laufend frisch ernten können; die letzte Aussaat sollte spätestens Ende Mai sein. Sollten sich bereits die ersten »Saaträuber« ankündigen, legen Sie Reisig über die Erde oder spannen Vogelnetze. Manchmal nützt es auch schon, die Räuber durch attraktivere Nahrung abzulenken, beispielsweise stark riechende Tagetessamen oder eine Schale mit Trinkwasser.

Ebenfalls im März gesät werden *Karotten*, die mit einem Monat eine relativ lange Keimzeit haben. Deswegen brauchen Sie »schnellere« Nachbarn wie *Radieschen* (z. B. Saxatreib) oder frühen *Salat*. Dazu kommen *Schwarzwurzel*, *Petersilie* und die Kreuzblütler *Kohl*, *Mairübe* und *Rettich*, die wegen der Schädlinge neben Kopfsalat oder *Spinat* stehen sollten. Später im März folgen *Mangold*, *Schalotten*, *Lauch*, *Kohlrabi*. Zum besseren und gleichmäßigeren Keimen der Karotten empfiehlt es sich, *Dillsamen* unter die Karottensamen zu mischen.

Der **April** macht, was er will, und die Mönche und Nonnen müssen entscheiden, ob sie hacken oder mulchen wollen. Sobald nämlich die Saat aufgegangen ist, markiert man die verschiedenen »Saatgrenzen« mit einer Ziehhacke, um die Reihen gut unterscheiden zu können. Zwischen die Reihen kommen halb verrotteter Kompost oder Pflanzenabfälle. Dieser Mulch oder Torf, wie die Schicht aus zerkleinerten Pflanzen auch genannt wird, fördert das Bodenleben. Ob Hacken oder

Junge Salatpflanze im frischen Beet

Mulchen besser für den Boden ist, wird selbst in den Klostergärten immer wieder diskutiert. Im Grunde nützt beides, finden die Nonnen aus Fulda, der klösterlich-biologischen Hochburg in Deutschland. Unbestritten ist der Nutzen des Mulchens. Und »Gut gehackt ist halb gegossen« heißt eine Gärtnerweisheit, weil dadurch der Boden für Regen und Gießen durchlässiger wird. Zudem hilft das Hacken auch gegen Unkraut – am besten, wenn der Boden nachher mit Mulch bedeckt wird.

Im April stehen die Folgesaaten für den Winter an, also wiederum *Zwiebeln* und *Lauch*, *Spinat* und *Salat*, *Tomaten*, *Rettich*. Neu kommen *Rote Bete* im Dreiwochentakt bis Mitte Juni dazu, ebenso *Kresse*. Ende des Monats schließlich noch späte *Kohlsorten*, jeweils mit einer Salateinsaat dazwischen. Jetzt sind auch die *Kräuter* an der Reihe. *Pfefferminze*-Ableger werden zehn Zentimeter tief in einen lockeren, humusreichen Boden gesetzt. Auch *Comfrey* (Beinwell) wird gepflanzt, dazu *Gewürzkräuter* wie Baldrian, Borretsch, Dill, Estragon, Fenchel und Bohnenkraut. Baldriansamen keimen nur am Licht, diese also nur leicht andrücken, nicht mit Erde bedecken.

Jetzt können Sie die ersten vorgezogenen *Jungpflanzen* setzen, zum Beispiel den *Frühkohl*. Zum Schutz gegen Pilz- und Bakterienkrankheiten empfehlen die Fuldaer Nonnen, die Wurzeln vorab in Lehmbrei zu tauchen, der mit Schachtelhalmtee angerührt wurde. Ein Tipp: Für die exakte Pflanzung hilft eine Pflanzschnur mit Knoten in den gewünschten Abständen.

Statt bis nach den Maifrösten zu warten und sie dann direkt im Freiland zu säen, kann man jetzt *Kürbisse* in Töpfen vorziehen. Sie benötigen zwar ein gemäßigtes Klima, doch gedeihen sie bei guter Pflege auch in raueren Lagen. Erstaunt war ich zu erfahren, dass selbst im Garten von Kloster Einsiedeln, der immerhin auf einer Höhe von fast 1000 Metern liegt, Kürbisse wachsen. Dieses Wagnis ist Bruder Konrad allerdings nicht eingegangen, sondern erst sein Nachfolger.

Gute Nachbarn

Zwiebeln neben Möhren   Der Zwiebelgeruch hält die Möhrenfliege ab und umgekehrt der Geruch der Möhre die Zwiebelfliege. Mit Lauch statt Zwiebeln funktioniert es auch, er muss aber später gesät werden. Anstelle von frischen Zwiebeln hilft auch Zwiebeljauche.

Sellerie neben Kohl   Seine ätherischen Öle halten Schädlinge vom Kohl ab.

Bohnenkraut neben Bohnen   hält die schwarze Blattlaus ab.

Dill neben Gurken, Möhren, Zwiebeln und Salat   begünstigt das Wachstum.

Salbei und Thymian rund ums Beet   halten Schnecken und Kohlweißlinge fern.

Löwenzahn unter Obstbäumen   verhindert Blattchlorose, die durch Eisenmangel bedingte Gelbsucht der Blätter.

Knoblauch neben Erdbeeren   wirkt gegen Grauschimmel.

Kerbel neben Salat   vertreibt Ameisen und Blattläuse.

Petersilie neben Tomaten   begünstigt den Wuchs.

Kümmel neben Kartoffeln   fördert das Wachstum.

Kapuzinerkresse unter Obstbäumen   vertreibt Blattläuse.

Zwiebel und Kohlrabi neben Roten Beten   fördern sich gegenseitig im Wachstum.

Kresse neben Radieschen   verbessert deren Geschmack.

Borretsch unter Obstbäume   zieht die Bienen an.

Bohnen neben Gurken   Stangenbohnen bieten Gurken Schutz zum Gedeihen.

Ringelblume und Kapuzinerkresse zwischen Gemüse   Ihr Duft vertreibt die Schnecken.

Schlechte Nachbarn

Für Mischkulturen gilt: Pflanzen, die dieselben Schädlinge anziehen, sollten möglichst auseinander stehen.

1. Blumenkohl und Zwiebeln, Lauch, Knoblauch, Kohlgewächse
2. alle Erbsensorten und Bohnen, Frühkartoffeln, Zwiebeln, Lauch, Tomaten
3. Gurken und Radi, Rettich, Zucchini
4. Kopfsalat und Petersilie, Kresse, Sellerie, Kartoffeln
5. alle Karottensorten und Pfefferminze
6. Rote Bete und Kartoffeln, Mangold, Spinat
7. Tomaten und Erbsen, Fenchel, Kartoffeln, Rote Bete
8. Zwiebeln und Bohnen, Erbsen, Blumenkohl und andere Kohlarten, Lauch

Einzelgänger

Liebstöckel, Beinwell, Pfingstrosen, Silberkerze, Farne, Türkenmohn, Lupinen, Tag- und andere Lilien, Stockrosen.

»Ich hätte mich nicht getraut«, sagt der alte Gärtner, »aber siehe da, sie sind wunderbar gewachsen.« Und zu guter Letzt setzt man jetzt noch die *Kartoffeln*, am besten in eine sandige, lockere Erde.

Gedulden Sie sich ein wenig, bevor Sie Anfang **Mai** die Zwiebelpflanzen wegräumen, um für neue Platz zu schaffen: Tulpen und andere Frühlingsblüher sollte man bis zum Vergilben stehen lassen, damit die Zwiebel genug Reservestoffe für den nächsten Frühling speichern kann. Es ist ratsam, *Blumenzwiebeln* alle zwei bis drei Jahre auszugraben und bis zum Herbst warm und dunkel zu lagern. Geduld erfordern auch die lieblichen *Pfingstrosen*. Auf die erste Blüte müssen Sie allerdings zwei Jahre warten. Viel früher wird Ihr Bemühen von wärmebedürftigen *Bohnensorten* belohnt, die Sie im Mai setzen. Immer schön Abstand halten: Die Bohnen wachsen gesünder und kräftiger, wenn sie sich nicht gegenseitig Licht und Luft rauben. Zwischen die Bohnenreihen passen gut *Gurken*. Bevor es richtig heiß wird, kann man ein letztes Mal *Radieschen* säen. Nach den Maifrösten sind *Baldrian* und *Bohnenkraut* als Freilandaussaat an der Reihe. Außerdem gilt: Beim *Estragon* zu Beginn der Blüte das Kraut schneiden, damit das kräftige Aroma erhalten bleibt.

Jetzt ist Pflanzzeit für wärmebedürftigere Gemüse wie *Tomaten*, die ideal im Abstand von 60–80 Zentimetern stehen. *Sellerie* und *Kürbisse* kommen nun in den Boden, letztere eventuell auch neben (nicht auf!) den Komposthaufen, dem sie mit ihren großen Blättern Schatten spenden.

Der Sommer

Im Sommer können Sie erstmals aus der Fülle Ihres Gartens schöpfen. Blumen, Gemüse, Kräuter – alles steht jetzt in voller *Blüte*, das meiste ist reif. Nun heißt es vor allem: Schädlinge vertreiben, fleißig *gießen* und nicht zu spät ernten.

Radieschen werden ungenießbar scharf, wenn man sie zu spät aus dem Boden zieht. Für Tomaten gilt: Immer nur in den Wurzelbereich gießen, was im Übrigen bei keiner Pflanze falsch ist. Dazu den Mulch vorher etwas beiseite schieben. Besonders wichtig ist, den Boden und alle Kulturen des Gemüsegartens mit Schachtelhalmtee zu spritzen, um Pilzerkrankungen vorzubeugen.

Rhabarber sollte man nicht mehr nach dem Johannistag (24. Juni) ernten, weil der Säuregehalt danach gesundheitsbeeinträchtigend ist. Dasselbe gilt für *Spargel*. Dagegen muss vermutlich niemand daran erinnert werden, die reifen *Erdbeeren* zu pflücken.

Apfelblüten im klösterlichen Obstgarten

Der **Juni** ist die *optimale Erntezeit* für Heil- und Gewürzkräuter. Kräuter, von denen wir die Blätter verwenden (Dill, Salbei, Pimpinelle, Pfefferminze, Zitronenmelisse, Wermut, Beifuß, Borretsch, Liebstöckel, Kresse, Weinraute, Petersilie, Schnittlauch), müssen vor der Blüte geschnitten werden. Im Knospenansatz sind Basilikum, Estragon, Thymian, Kerbel und Bohnenkraut am wirkungsvollsten. In vollem Blütenstand pflückt man Lavendel, Schafgarbe, Kamille und Majoran.

Beste *Tageszeit* zum Pflücken ist ein sonniger Vormittag. Kräuter locker in Körbe füllen (nicht pressen!).

Je nach Bedarf können die Kräuter schonend getrocknet werden – das heißt: nicht über 25–30 Grad –, ausgelegt auf einem Stück Packpapier oder auf einem Tuch. Dazu ein Tipp aus Fulda: Eine Art *Diätpfeffer*, der schmeckt wie echter, aber ohne dessen schädliche Schärfe, können Sie aus getrocknetem und zerriebenem Basilikum, Rosmarin und Bohnenkraut mischen.

Bis Mitte Juni ist die *Aussaat* von Roten Beten möglich, Stangenbohnen, Karotten und Kohlarten, Fenchel und Winterendivien können noch gepflanzt werden.

Der **Juli** ist der Monat der wunderschönsten *Blumensträuße*. Weil nun auch das *Gemüse* so weit ist, können die als Begleitpflanzen gezogenen Blumen (z. B. Tagetes, Ringelblumen, Sonnenblumen) jetzt guten Gewissens geschnitten werden.

Ebenfalls aus dem Boden nehmen Sie die Zwiebeln der *Frühjahrsblüher*. Tulpen und Freilandhyazinthen sollte man jedes Jahr ausgraben und kühl und trocken lagern, Narzissen halten schon etwa drei Jahre durch, bevor es ihnen in der Regel zu eng wird an ihrem Standort. Das gilt auch für Schneeglöckchen, Märzenbecher, Blausternchen, Krokusse und andere Kleinzwiebeln. Dazu setzen Sie jetzt die *Zwiebeln für den Herbstflor*, darunter Herbstkrokusse und Herbstzeitlose. *Spätsaaten* für die Herbst- und Winterernte sind angesagt: Zuckerhut, Chinakohl, Spinat, Winterrettich.

Bereits jetzt können Sie die ersten abgeernteten *Beerensträucher* (Stachelbeeren, Johannisbeeren) beschneiden; das ist besser, als bis zum Winter zu warten, weil jetzt die Blättchen anzeigen, wie weit ausgelichtet werden darf. Als *Faustregel* gilt: überalterte Äste entfernen, junges Holz um zwei Drittel zurückschneiden. Schwachwüchsige Sträucher müssen prinzipiell stärker zurückgeschnitten werden als starkwüchsige, damit die Kraft konzentrierter in die Triebe gelangt.

August weckt viele Assoziationen: flirrende Wiesen, schwer duftende Blüten, ein von Bienen summendes Lavendelfeld. In Ihrem Garten können Sie sicherlich einen Teil dieser Vorstellungen einlösen, wenn Sie im Mai *Thymian*-Jungpflanzen gesetzt haben. Ernten Sie Blüten und Blätter, allerdings nicht länger als bis Ende August, sonst sind die Pflanzen im Winter zu sehr geschwächt. Für den Winterbedarf in Küche und Hausapotheke soll das ganze Kraut getrocknet werden.

Bei Zwiebeln und Knoblauch, die reif sind, müssen Sie übrigens nicht die Schlotten abknicken, sondern nur die Pflanze im Boden lockern und damit die Wasseraufnahme der Wurzel unterbinden. Seien Sie allgemein mit der *Düngung* zurückhaltend. Die meisten Pflanzen stehen kurz vor der Ernte und benötigen sie gar nicht mehr.

Darum bitten wir …

Kräutersegen (an Mariä Himmelfahrt, 15. August)

»Herr, unser Gott, du hast Maria über alle Geschöpfe erhoben und sie in den Himmel aufgenommen. An ihrem Fest danken wir dir für alle Wunder deiner Schöpfung. Durch Heilkräuter und Blumen schenkst du uns Gesundheit und Freude. Segne diese Kräuter und Blumen. Sie erinnern uns an deine Herrlichkeit und an den Reichtum deines Lebens. Schenke uns auf die Fürsprache Mariens dein Heil. Lass uns zur ewigen Gemeinschaft mit dir gelangen und dereinst einstimmen in das Lob der ganzen Schöpfung, die dich preist durch deinen Sohn Jesus Christus in alle Ewigkeit. Amen.«

Bitte um Regen

»Gott, in dir leben wir, bewegen wir uns und sind wir, du kennst unsere Not. Schenk uns den Regen, auf den das Land wartet. Gib uns das tägliche Brot, das uns am Leben erhält, damit wir umso vertrauensvoller nach der himmlischen Speise verlangen. Darum bitten wir durch Christus, unseren Herrn. Amen.«

Bitte um gutes Wetter

»Allmächtiger Gott, von dir kommt alles, was wir brauchen. Schenke uns gutes Wetter, damit die Erde ihre Frucht bringt und wir deinen Namen preisen. Darum bitten wir durch Christus, unseren Herrn. Amen.«

Bei Unwetter und Sturm

»Herr unser Gott, alle Kräfte der Erde sind deiner Macht unterworfen. Stille die Stürme, die uns bedrohen, zähme die Naturgewalten, die uns schrecken, damit wir deine Macht und Güte preisen. Darum bitten wir durch Christus, unseren Herrn. Amen.«

Der Herbst

Mit dem **September** ist die Zeit für die *Wintersaat* und -pflanzung gekommen: Winterspinat, -zwiebeln, Herbstrüben, Herbst- und Winterkohlsorten, Blumenkohl, dazu überwinternde Kopfsalatsorten (z. B. Maiwunder, Winter-Butterkopf). Für die ausreichende *Vitaminversorgung* in der kalten Jahreszeit wird in Fulda eine Mischkultur aus Feldsalat, Radieschen und Gartenkresse empfohlen.

Selbst wenn der September noch sommerlich warm ist, sollte bereits jetzt der Frühlingsflor geplant werden, zum Beispiel die Narzisse. Pflanztipp: Zwiebelhöhe mal drei ergibt die Gesamttiefe des Loches, in das die Narzissenzwiebel gesetzt wird.

Im **Oktober** können Sie Schnittlauch und Petersilie für den Winter *eintopfen*. Das sieht auf der Fensterbank nicht nur schön aus, sondern versorgt Sie die ganzen kalten Monate über mit frischem, würzigem Grün.

Möchten Sie *Obstbäume* pflanzen, dann sollten Sie das ebenfalls vorbereiten. Auch bunte *Staudenbeete* legen Sie am besten jetzt an, wenn sie im nächsten Herbst blühen sollen. Dazu eignen sich Herbstanemone, Eisenhut, Silberkerze, Christophskraut und Hornveilchen. Außerdem ist Pflanzzeit für *Rosen*. Wenn es zeitlich nicht mehr reicht, können Sie das im Frühling

Erntedankschmuck in der Kirche von Aufkirchen

aber noch nachholen. Wählen Sie auf jeden Fall einen windgeschützten Platz mit genügend Luftzirkulation, wo die Sonne ausreichend hinscheint, wenn möglich von Mittag bis Abend.

Oktober ist *Kartoffelzeit*. Zur Lagerung müssen die Kartoffeln gut abgetrocknet sein und in einem sauberen Raum überwintern, um vorzeitiges Keimen zu

Am Rande notiert: Der Ackersegen

Bei der Bittprozession machte der Pater, wie es Brauch ist, am Feld eines jeden Gemeindemitglieds halt, betete für eine gute Ernte und segnete den Acker. So kamen sie zum Feld des Huber-Maxl, der als faul und arbeitsscheu bekannt war. Die Prozession hielt an, der Pfarrer überschaute kurz den noch unbestellten Acker und drängte gleich weiter: »Da hilft kein Beten, da muss Mist hin!«

vermeiden. Das Kartoffelkraut enthält wichtige Nährstoffe für den Boden, also nicht verbrennen, sondern als winterliche Bodendeckung liegen lassen oder zum Kompostmaterial mischen. Weiter können Sie jetzt die *Meerrettichstangen*, den *Endiviensalat*, den *Zuckerhutsalat* und die *Schwarzwurzeln* ernten.

Im **November** bekommen Sie natürliche Unterstützung für den Kompost: das *Herbstlaub*. Häckseln Sie dazu größere Blätter, die sonst zusammenkleben würden, und streuen Sie immer etwas Erde und Kalk zwischen die Kompostschichten. Zum Schluss mit einer Erdschicht von ungefähr fünf Zentimetern abdecken und mit Humofix aktivieren. Das wiederholen Sie bei jeder neuen Kompostschicht.

Der Winter

Im **Dezember** gibt es – wetterbedingt – nicht sehr viel Arbeit im Garten. Aber Sie könnten ein schönes *Vogel-häuschen* aufstellen. Entgegen landläufiger Meinung sollte man jedoch keine Küchenabfälle wie Brot oder Kartoffeln füttern. Stattdessen streuen Sie Körner: Sonnenblumenkerne, Hanf, Mohn, Gurken- und Melonenkerne und Dreschabfälle. Wenn die Beete unter einer Schneedecke liegen, hat man auch Zeit, sich um die *Gartengeräte* zu kümmern, sie zu reinigen und die Metallteile wieder einmal einzufetten.

Bereits im **Januar** sind dann schon wieder *die ersten Blüten* sichtbar, zum Beispiel die der gelben Zaubernuss, die aus dem nackten Holz des Strauches hervorzukriechen scheinen. Im ersten Monat des neuen Jahres können Sie in temperierten Räumen in Töpfen oder Kästen bereits die ersten *Saaten* ausstreuen. Auf diese Weise lassen sich etwa Tomaten, Gurken, Blumenkohl und Sellerie früh zu kräftigen Pflanzen heranziehen.

Wie Bruder Konrad in Einsiedeln kann man sich jetzt an die *Planung* fürs kommende Gartenjahr machen. Mischung, Anzahl, Anordnung – all das hält man am besten auf Papier fest. Für die Misch- und Fruchtfolgekultur, bei der man die Beete abwechselnd mit stark, mittel und schwach zehrenden Pflanzen füllt,

Schneebedeckter Lauch
im Klostergarten von Oberschönenfeld

Von den Geheimnissen der Klostergärten

ist dieses Hilfsmittel unverzichtbar. Wichtig ist einfach, den Boden durch wechselnde Bepflanzung gesund und nährstoffreich zu erhalten. Wachsen auf einer Rabatte zu viele Saisons über dieselben Pflanzen, laugt das den Boden einseitig aus. »Der Boden wird müde«, schreibt Bruder Konrad, der 40 Jahre lang ein Gartentagebuch geführt hat, »wenn er

»Sturm und Frost an Sebastian, ist den Saaten wohlgetan.«

Wetterregel
für den 21. Januar

einseitig genutzt wird, und das wiederum macht die Pflanzen krank.« Er empfiehlt beispielsweise, Astern erst nach zehn Jahren wieder an der gleichen Stelle zu pflanzen, Kohl nur alle vier Jahre, ebenso die Karotten.

Mit den ersten wärmeren Sonnenstrahlen strecken im **Februar** die *Frühlingsvorboten* ihre Köpfchen heraus: die Schneeglöckchen, die in freier Natur vor allem in schattigen Zonen wachsen, zum Beispiel am Waldrand. Was die Natur vormacht, gilt auch für unseren Garten. Ist der Boden nicht mehr gefroren, kann man ihn fürs Säen und Pflanzen vorbereiten und ihn etwas lockern. Wenig sinnvoll ist ein komplettes Umgraben, weil dadurch ein großer Teil der Mikrofauna und -flora in eine falsche Lage gerät und abstirbt. Leichtes Rechen genügt im Grunde, vor allem wenn der Boden mit einer Mulchschicht überwintert hat, die nun abgetragen wird. Wenige *Gemüsesorten* kann man schon im

Freiland säen, zum Beispiel Puffbohnen. Und damit beginnt auch schon wieder ein neues Gartenjahr.

Die Schutzpatrone der Gärtner

Bauernregeln werden nach dem christlichen Namenstagkalender formuliert. Vielfach fußen sie freilich auf jahrtausendealten Beobachtungen, die im religiösen Schrifttum vom Alten Testament an tradiert wurden. Dass sie heute mehr und mehr in Vergessenheit geraten, hängt zusammen mit einem neuen Analphabetismus des Glaubens. Namenstage, früher noch vor dem Geburtstag gefeiert, werden immer weniger gepflegt.

Eine Sonderrolle unter den Bauernkalendern nimmt übrigens der so genannte Hundertjährige Kalender ein, den der Zisterziensermönch und Abt des Klosters Langheim bei Bamberg aufgestellt hat: Dr. Mauritius Knauer (1613–1664). Grundlage waren allerdings lediglich sieben Jahre Wetterbeobachtung; erst der Nachlassverwalter nannte die aufgezeichneten Regeln »Hundertjährigen Kalender«. Knauer verband darin Astronomie und Astrologie mit dem christlichen Glauben. Viele Meteorologen halten die Erkenntnisse des Doktors allerdings für Humbug. Bei genauerer Be-

Der hl. Rhochus ist Patron der Pestkranken und Gärtner.

Bauernregeln

»Scheint zu Agnes (21. Januar) die Sonne,
wird die Ernte zur Wonne.«

»Ist's zu Lichtmess (2. Februar) hell und rein,
wird's noch ein langer Winter sein. Wenn's zu Lichtmess
stürmt und schneit, ist der Frühling nicht mehr weit.«

»Sankt Kunigund (3. März) macht warm von unt'.«

»Gregor (12. März) zeigt dem Bauern an, dass er im Feld säen kann.«

»Ist der April schön und rein, wird der Mai umso wilder sein.«

»Mairegen auf den Saaten, es regnet Dukaten.«

»Auf den Juni kommt es an, ob die Ernte bestehen kann.«

»Wenn kalt und nass der Juni war, verdirbt er meist das ganze Jahr.«

»Juliregen nimmt den Erntesegen.«

»Was Juli und August nicht kochen, kann der September nicht braten.«

»Wenn St. Rochus (16. August) trübe schaut,
kommen die Raupen in das Kraut.«

»Schneit es im Oktober gleich, wird der Winter weich.«

»Wenn's an Allerheiligen schneit, halte deinen Pelz bereit.«

»Regnet's an St. Nikolaus (6. Dezember),
wird der Winter streng und graus.«

trachtung muss man jedoch zugestehen, dass zwischen Knauers Wetterlagen und den als Singularitäten bezeichneten, jahreszeittypischen Großwetterlagen kein so großer Unterschied besteht.

Einige der »Wetterheiligen« – hinzu kommen insbesondere auch Rochus, Agnes und der heilige Fiaker – gelten als Schutzpatrone der Gärtner. In der Regel handelt es sich dabei um Heilige, die für ihre Heilkunst gerühmt wurden. Dieser enge Zusammenhang ist wenig erstaunlich, schließlich drücken Heiligkeit und Heilung sprachlich nicht nur dasselbe aus, sondern Gärtner wissen auch am besten, welches Kraut gegen welche Krankheit gewachsen ist.

Übrigens: Trotz seines Namens ist der heilige Florian (zu Deutsch: der Blühende, 4. Mai) kein Schutzpatron der Gärtner, auch wenn gelegentlich bei Dürre oder Unfruchtbarkeit der Felder zu ihm gebetet wird und die entsprechende Bauernregel auf möglichen Kälteeinbruch und damit einen landwirtschaftlichen Zusammenhang hinweist: »Der Florian, der Florian noch einen Schneehut setzen kann.«

Von heiligen
Gärtnern

Das geheime Wissen liegt hinter der Klostertür verborgen.

Was wir
von den Meistern
lernen können

> »DER ORT IM KLOSTER, WO MAN GOTT AM NÄCHSTEN IST, IST NICHT DIE KIRCHE, SONDERN DER GARTEN. DORT ERFAHREN DIE MÖNCHE IHR GRÖSSTES GLÜCK.«
>
> Pachomius

Hildegard von Bingen, Albertus Magnus und Walahfrid Strabo – wenn man von herausragender Forschung spricht, die der mittelalterlichen Pflanzen- und Heilkunde den Weg geebnet hat, fallen immer diese drei Namen: große Gestalten ihrer Zeit – und allesamt Klosterleute. Auf den Erkenntnissen dieser religiösen Genies bauten Generationen von Gelehrten auf. Im Laufe der Jahrhunderte mussten allerdings auch manche empirisch nicht abgesicherten Annahmen revidiert werden, das Wissen der Heilkunde wurde erweitert und durch andere Theorien ergänzt.

Schwester Ruth etwa schätzt die Bücher von Maria Thun, die sich intensiv mit dem anthroposophischen

Gartenbau nach Rudolf Steiner beschäftigt. Wobei man wissen muss, dass die – immer auch umstrittene –

Lehre über den Einfluss des Mondes auf das Pflanzenwachstum bereits in der nabatäischen Landwirtschaft verbreitet war und auch von Albertus Magnus aufgegriffen worden ist. Der Ruf der großen Drei aber bleibt bestehen, und viele ihrer Erkenntnisse waren ihrer Zeit weit voraus; sie können, wie etwa Hildegards Kosmos-Vorstellung, zum Teil in unserer Epoche ganz neu verstanden werden.

Ein ganz besonderer Dichter: Walahfrid Strabo

Zu den ältesten Gartenschriften überhaupt zählt ein Gedicht: *De cultura hortorum*, viel bekannter unter dem Titel *Hortulus* (Gärtchen). Verfasst hat es, etwa um das Jahr 840, der Abt des Benediktinerklosters Reichenau am Bodensee. Walahfrid Strabo (deutsch = der Schielende), ein Schüler des berühmten Hrabanus Maurus in Fulda, war ein begabter Dichter. Ihm haben wir auch die Überlieferung genauer Kenntnisse über Gartenbau, Pflanzenkunde und Medizin zu verdanken.

Wichtig war, dass Walahfrid nicht nur antike Quellen übersetzt oder Erkenntnisse vom Hörensagen transportierte, sondern aus vielen eigenen Beobachtungen und praktischer Erfahrung schöpft. Ihn interessierten alle Pflanzen des *Hortulus* in ihrer Funktion als Heilpflanzen; nicht zuletzt war er gleichermaßen als Seelen-, aber auch Krankenarzt gefordert.

Walahfrid beschreibt 24 Pflanzen, die in ebenso vielen Beeten wuchsen und die er zum Teil der Ernährung, zum Teil des kirchlichen Schmuckes, vor allem aber ihrer Heilkraft wegen in seinen Kanon aufgenommen hatte. Salbei lobt er als Allerweltsheilmittel, Eberraute diente gegen Fieber und Seitenstechen, Fenchel, so erkannte er, behebe Verstopfungen. Tee aus Minze lindere die Heiserkeit, Sellerie könne Blasenleiden beseitigen, Rettich helfe gegen Husten und Bronchitis, Odermennig gegen Magenschmerzen und so weiter – bis er den wohltuenden Reigen der Pflanzen mit der Rose, »der Blume der Blumen«, abschließt.

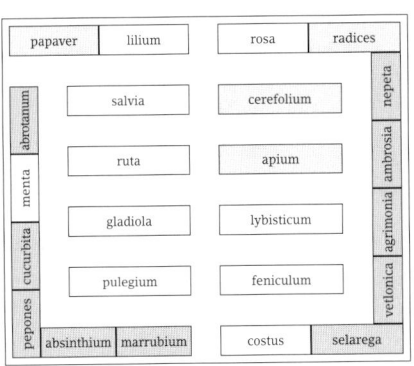

Eingangs erläutert Walahfrid im *Hortulus* die Grundsätze klösterlicher Gartenarbeit:

- Arbeit steht im Zentrum, denn fleißig soll der gärtnernde Mönch sein, nicht faul.
- Auch bei meteorologisch oder klimatisch bedingten Rückschlägen die Hoffnung nicht aufgeben.
- Sich nicht zu schade sein für die Arbeit, denn sie gibt einem ja stets mehr zurück, als man gegeben hat.

Ausführlich beschreibt Walahfrid das Düngen (mit Mist), die Saat und Pflanzung (Einzäunung der Beete gegen Wegschwemmen der Saat), die Bewässerung (tropfenweise, also sorgsam gießen), die Bodenbearbeitung (hacken, den Boden lockern) und das Unkrautjäten. Das Besondere sind nicht etwa botanische Neuerungen, sondern seine Art der Naturbetrachtung und seine große Liebe zu den Pflanzen. Hören wir ein wenig hinein in die poetischen Hexameter! Walahfrids Lob auf die Lilie: »Mit welchem Vers oder welchem Lied soll meine nüchterne Muse, so trocken und mager, die schimmernden Lilien sattsam preisen? Ihr Weiß gleicht glänzendem Schnee, der süße Duft ihrer Blüte gleicht dem der Wälder von Saba.«

»ALLES WAHRHAFT GROSSE VOLLZIEHT SICH DURCH LANGSAMES, UNMERKLICHES WACHSEN.«
Seneca

Die wohl interessanteste Frau des Mittelalters: Hildegard von Bingen

Ganzheitlichkeit? Psychosomatik? Klingt ungeheuer aktuell und modern. Aber Vorsicht, im Grunde sprechen wir hier über eine Lehre, die nahezu tausend Jahre alt ist. »So wie ein Künstler seine Formen hat, nach denen er seine Gefäße macht, so bildet Gott die Gestalt des Menschen nach dem Bauwerk des Weltgefüges, nach dem ganzen Kosmos.« Nach diesem Prinzip lebte und lehrte die als interessanteste Frau des Mittelalters geltende Nonne Hildegard von Bingen (1098–1179). Sie war Prophetin, Ärztin, Mystikerin, Philosophin, Dichterin, Seherin und Musikerin. Und Äbtissin. Und Klostergründerin. Sie übte bedeutenden Einfluss auf Gelehrte und Politiker ihrer Zeit aus. Und im Gegensatz zu ihren »Kollegen« Strabo und Mendel wurde sie sogar heilig gesprochen.

Auf eine Vision in ihrer Kindheit, auf eigenes unermüdliches Beobachten und auf eine, wie sie sagte, »Schau des Lichtes« zurückgreifend, diktierte Hildegard ihrem Sekretär für ihre Bücher unzählige Erkenntnisse. Ob es nun um die vier Elemente, die Temperamentenlehre, die Säftelehre, den Ursprung und die Entstehung von Krankheiten, Zeugung und Geburt, Embryologie, Pflanzenkunde, Arzneimittel oder aber auch um ganz allgemeine Gesundheitshinweise ging. Neben ihren Visionen schöpfte Hildegard vor allem aus der Heiligen Schrift, der Liturgie und den Regeln des heiligen Benedikt. Letztere waren nun nicht unbedingt wegen konkreter Anweisungen, umso mehr aber von ihren Grundsätzen her für die naturkundlichen Werke von zentraler Bedeutung.

In einer ihrer großen theologischen Schriften, dem *Liber divinorum operum*, erscheint der Mensch als Mikrokosmos, der in all seinen körperlichen und geistigen Gegebenheiten die Gesetzmäßigkeiten des gesamten (Makro)-Kosmos widerspiegele. Alles sei aufeinander bezogen, wechselseitig miteinander verbunden und in Gott untrennbar vereint, das Kleine im Großen.

Dieser Gedanke von der Einheit und Ganzheit ist auch grundlegend für Hildegards natur- und heilkundliche Schriften. Sie sind ganz davon geprägt, dass Heil und Heilung des kranken Menschen allein von der Hinwendung zum Glauben ausgehen. Die Begründung dieser Methode leitet die »Prophetin der Deutschen« von der Situation der Erschaffung der Welt ab und betont die ursprüngliche Heilsbestimmung des Menschen vor dem Sündenfall. Erst mit dem Sündenfall beginne die Entfremdung des Menschen von Gott und

Hildegard von Bingen

von sich selbst. Krankheit ist nach Hildegards Verständnis darum kein Prozess, sondern ein Verfehlen des Wesens selbst, ein existenzielles Defizit. Das Besondere an ihrer Lehre war, dass sie nicht (nur) die Symptome behandelte, sondern auch die Ursachen der Leiden. Der seelische Gemütszustand eines Patienten war ihr am wichtigsten.

Heute bekannt sind vor allem zwei naturheilkundliche Werke Hildegards. Das ist zum einen *Physica*. Es ist die erste Naturkunde und Heilmittellehre für den Volksgebrauch (und darum in Deutsch), die differenzierte Angaben über Wesen und Wirken von mehr als 500 Pflanzen und Tieren, Edelsteinen und Metallen enthält. Zum anderen ist es *Causae et Curae*. Hier berichtet Hildegard über Ursachen und Behandlung von Krankheiten und verbindet die antike Kosmologie und Humoralpathologie mit der christlichen Schöpfungs- und Erlösungslehre.

Bereits zu Lebzeiten war sie eine anerkannte Heilkundige, geriet über die Jahrhunderte ein wenig in Vergessenheit und wurde in der zweiten Hälfte des 20. Jahrhundert sozusagen wieder entdeckt. Mittlerweile hat sie es, fast schon vergleichbar mit Kneipp, auch zum verkaufsträchtigen Label gebracht. So bieten heute viele Naturkostläden zum Beispiel Galgant, Bertram oder Quendel als »Hildegard-Kräuter« an.

Kleiner Mann ganz groß: Albertus Magnus

»Nichts erquicket das Auge so sehr wie feines, nicht zu hohes Gras.« Wenn man diesen Satz zum ersten Mal liest, denkt man womöglich spontan an einen Platzwart von Wimbledon. In Wirklichkeit stammt das Zitat natürlich nicht von einem englischen Rasenpfleger, sondern von Albertus, einem Dominikaner, der auffallend klein war und letztlich mit dem Beinamen »der Große« in die Geschichte einging.

Albertus Magnus wurde um 1200 in Lauingen in Schwaben als Albert Graf von Bollstädt geboren. Er studierte in Padua, wo er bei den Dominikanern eintrat, war Lektor seines Ordens in Köln, Hildesheim, Freiburg im Breisgau, Regensburg (und wirkte hier zwei Jahre lang als Bischof), ging nach Straßburg und schließlich wieder nach Köln. Er starb 1280, 1931 wurde er heilig gesprochen. Manche Experten bezeichnen ihn als den größten Naturwissenschaftler des Mittelalters. Sein Buch über Pflanzen und Züchtung beispielsweise, *Naturalia*, ging weit über die Erkenntnisse der damaligen Zeit hinaus und kann als erster Versuch einer Pflanzenphysiologie angesehen werden.

Heutzutage scheinen uns manche von Albertus' Ansichten, die vor allem auf der Lehre des Aristoteles

Hans Holbein d. Ä., Albertus Magnus, 1501

gründen, eher befremdlich. Über die Pflanzenseelen etwa hielt der Mönchsgelehrte fest: »Das Leben der Pflanzen ist verborgen, tiefer stehend als das Leben der Tiere. Die Pflanzen besitzen eine Seele, welche des Gefühles, des Wünschens, des Schlafes und des Geschlechtes entbehrt.« Albertus vertrat darüber hinaus die Ansicht – vermutlich der Elementarlehre der antiken Philosophen folgend –, dass Pflanzen auch ohne Samen entstehen können: »Die aus der Erde aufsteigenden Dämpfe haben die Kraft, Samen zu erzeugen. Pflanzen entstehen aus Samen und aus Staub, wobei die Gestirne die Rolle des Erzeugers spielen, oder durch die Pfropfung.« Ansehen unter den Botanikern verschaffte ihm dagegen seine strikte Trennung von Rindenpflanzen beziehungsweise Einkeimblättrigem und Zweikeimblättrigem.

Ein echtes kleines Kunststück bewirkte Albertus der Legende nach, als er für den König eine Rose im Winter zum Erblühen brachte. Dies gelang ihm mit einer Rosenknospe, die er in einem seiner Versuche abband, sodass sie erst später aufblühte.

Darüber hinaus vermachte Albertus Magnus uns eine gartenarchitektonische Neuerung. Mitte des 13. Jahrhunderts ließ er als Erster an einer exponierten Stelle im Garten Sitzgelegenheiten installieren, womit der Garten neben seiner Selbstversorgungsfunktion eine neue

Komponente bekam. Er wurde zu einem Ort, an dem die Mönche sich aufhielten, wenn sie nicht arbeiten mussten. So wurde aus dem reinen Nutzgarten zusätzlich ein Ziergarten oder – ein wenig irreführend im heutigen Sprachgebrauch, aber seit dem 16. Jahrhundert dafür gebräuchlich – der »Lustgarten«. Der Grundriss der Dominikanergärten, wie sie Albertus Magnus im Kopf hatte, war grundsätzlich kleiner als jener der Benediktiner. Zum einen, weil die Dominikaner als Bettelorden weniger auf Land- und Gartenwirtschaft ausgerichtet waren, zum anderen, weil ihre Klöster in der Regel mitten in der Stadt lagen, sodass für große Anlagen gar kein Platz war. Letztlich verwirklicht aber haben sich Albertus Magnus' Ideen besonders in den Burggärten.

Mehr als ein Erbsenzähler: Gregor Mendel

Als die Mönche des Augustinerordens im Jahr 1989 ihre Abtei St. Thomas in Brünn, das heute zur Tschechischen Republik gehört und Brno heißt, von der Regierung zurückbekamen, fanden sie ein ziemliches Chaos vor. Mit der damals begonnenen Renovierung wurde aber nicht nur das Kloster wieder hergerichtet, sondern das Haus auch zu einem Zentrum für Genetik ausgebaut, darin eingeschlossen das Bienenhaus und die Außenanlagen – schließlich ist dies kein geringerer Garten als jenes Forschungsfeld, auf dem Abt Gregor Johann Mendel (1822–1884) mit den Ergebnissen aus seiner Erbsenzucht den Grundstein für die moderne Genetik gelegt hat.

Der Bauernsohn Mendel, der ab 1843 als Augustinermönch in der Abtei St. Thomas lebte und arbeitete und dort 1868 zum Abt gewählt wurde, beteiligte sich am kulturellen Leben der Provinzhauptstadt Brünn. Mendel war sogar Präsident der lokalen Hypothekenbank, außerdem ein umtriebiger Lehrer, Bienenzüchter, Astronom und Meteorologe.

In der Abtei fand er bereits einen Herbar (Kräutergarten) und einen Versuchsgarten vor, den sein Vorgänger 1830 eingerichtet und mit seltenen Pflanzen aus der Provinz bestückt hatte. Diesem verdankte Mendel auch, dass er von 1852–53 an der Universität in Wien Pflanzenphysiologie und experimentelle Physik studieren konnte, was seine wissenschaftliche Entwicklung wesentlich prägte.

1865 war es so weit: Der Augustinermönch präsentierte Arbeiten über Versuche mit Erbsen- und Pflanzenhybriden und publizierte sie ein Jahr später in einem lokalen Wissenschaftsjournal, er nannte sie mit einigem Anspruch die »Gesetze der Vererbung«.

Der Augustiner-mönch Gregor Mendel machte sich als Biologe einen Namen.

Mendels Entdeckungen lieferten einerseits wertvolle Grundlagen für die Weiterentwicklung von Pflanzen- und Tierzucht. Andererseits führte es natürlich zu intensiven Disputen, wenn man gegen die Konstanz der Arten argumentierte und zeigte, dass neue Arten durch künstliche Befruchtung erzeugt werden können. Schließlich stellte die Naturwissenschaft prinzipiell in Frage, dass Gott alle Arten vollkommen erschaffen hatte. Gern möchte man heute wissen, was ein tief gläubiger Mensch wie Mendel darüber gedacht hat, aber die Quellen verraten nichts. Seine Erkenntnisse waren bahnbrechend für Forschung und Praxis, trotzdem

blieben sie zunächst weitgehend unbeachtet. Erst 1900
wurden seine Studien von Forschern in den Niederlan-
den, Deutschland und Österreich unabhängig vonei-
nander wieder entdeckt.

Mendels Gesetze der Vererbung

Mendel ging von zwei zentralen Fragen aus: Welche Eigenschaften
werden vererbt? Und wie geschieht das? Wie Charles Darwin
glaubten damals noch viele Menschen, dass die Vererbung lediglich
ein Verschmelzen der elterlichen Komponenten sei, vergleichbar mit
der Mischung von Milch und Mehl, die zusammen einen Kuchen
ergeben.
Mendel komponierte verschiedenste Erbsenpflanzen miteinander
und analysierte die daraus entstehenden Hybriden. So konnte
er nachweisen, dass Merkmale eigenständige Einheiten sind. Heute
nennen wir sie Gene. Folgende Gesetze leitete er aus seinen
Versuchen ab:

- *Das Mendelsche Uniformitätsgesetz:* Die erste Mischlings-
  generation hat stets ein gleichförmiges Aussehen und weist dabei
  entweder nur ein vorherrschendes (dominierendes) Merkmal
  oder eine Mittelform auf.
- *Das Mendelsche Spaltungsgesetz:* Kreuzt man diese Mischlinge
  unter sich, so spalten sich in der Enkelgeneration die Merkmale
  im Zahlenverhältnis 1 : 2 : 1 oder 3 : 1 wieder auf.
- *Das Mendelsche Rekombinationsgesetz:* Bei der Kreuzung
  mehrerer unterschiedlicher Merkmale entstehen so viele neue
  Formen, wie es Kombinationsmöglichkeiten gibt.

Von Heilkräutern und Gesundgärten

Wie Sie Gesundheit und Wohlbefinden verbessern

> »JEDES GESCHÖPF IST VON EINEM ANDEREN ABHÄNGIG, ALLES IST MITEINANDER VERBUNDEN UND AUFEINANDER AN-GEWIESEN, ALLES ANTWORTET EINANDER UND HÄLT EINANDER IN SPANNUNG.«
>
> Hildegard von Bingen

Im Klostergarten von Mariazell-Wurmsbach scheint es offensichtlich verschiedene Grade der Klausur zu geben. Zu den strengeren Bereichen gehört der Kreuzgang, zu den freier zugänglichen der ummauerte Teil des Klostergartens. Im Kreuzgang mit dem kleinen Innenhof herrscht außer unserem Flüstern absolutes Schweigen. Ich darf mich kurz umsehen, dann huschen Schwester Ruth und ich so schnell und so still wie möglich hinaus in den großen Klostergarten – eine Oase jenseits des weltlichen Alltags. Schade, davon hätte ich gern mehr gehabt, von diesem wundervollen und unvergesslichen Schutzraum der Geräuschlosigkeit.

Heilen als Aufgabe

Auf dem Baugerüst um die Kirche, die gerade renoviert wird, rufen sich zwei Handwerker etwas zu. Hier darf man also wieder etwas lauter sein. Auch Schwester Ruth nimmt die Lautstärke unserer Unterhaltung nun gelassen. Gleich zu Beginn kommen wir an der Kräuterspirale vorbei, wo sich verschiedene Sorten von Salbei in die Höhe schrauben. »Wie kann man da noch sterben, wenn man Salbei im Garten hat«, zitiert sie den bekannten Kräuterpfarrer Johann Künzli. Eine ältere Legende erzählt zwar, das habe bereits Cäsar ausgerufen, als er vom Tod eines Freundes erfuhr, der das Kraut im Garten hatte.

Wer auch immer es war, Salbei gilt jedenfalls seit Urzeiten als Alleskönner unter den Heilpflanzen, und ganz besonders schätzt Schwester Ruth den graulaubigen Salbei. Sie macht zwei, drei Schritte ins Beet hinein, zupft da und dort Blättchen und kleine Äste weg, dann zerreibt sie ein Blättchen zwischen den Fingern. Sofort steigt mir der angenehme Geruch in die Nase, den übrigens auch viele Tiere schätzen – ausgenommen Mäuse, weshalb Bauern früher büschelweise Salbei in die Vorratskammern legten. Von diesem Verwendungszweck rührt auch die volkstümliche Bezeichnung für Salbei: Mäusleinblättchen.

Zu helfen und zu heilen, natürlich auch sich selbst, gehört von Anfang an zu den Grundtugenden der Mönche. »Wir sollten nicht allzu ängstlich um unseren Körper besorgt sein«, schrieb der spanische Jesuiten-Ordengründer Ignatius von Loyola, »doch sollten wir alles tun, was nötig ist, die Gesundheit und Stärke des Körpers zu bewahren, damit wir Gott nach besten Kräften dienen können.« Und da nicht alle großen Heiligen zugleich mit übernatürlichen Kräften gesegnet waren, suchten sie ihre Heilkraft ganz einfach in der Natur.

> »GOTT HAT DEM MENSCHEN DURCH DAS MEDIUM DER PFLANZEN FAST ALLES GESCHENKT, WAS ER ZU SEINER ERNÄHRUNG, KLEIDUNG UND HEILUNG BRAUCHT.«
>
> John Gerarde, Kräuterbuch (1636)

Gleich neben dem Salbei wächst Wermut, auch einer von Schwester Ruths Favoriten. Wieder reißt sie ein Blättchen ab und reicht es mir, nicht ohne mich vor dem intensiven Geschmack zu warnen. »Wenn eine der Schülerinnen Magenschmerzen hat, rate ich ihr, eines zu kauen. Das wirkt innerhalb weniger Minuten.« Schwester Ruth lächelt ihr wunderbares Lächeln. »Aber vielen ist es dann doch zu bitter.«

Eine besonders wichtige Pflanze im Klostergarten von Mariazell-Wurmsbach ist die Wallwurzel, auch unter den Namen Beinwell, Symphytum oder Comfrey bekannt. Alle frühneuzeitlichen Kräuterbücher berichten von den heilenden Kräften dieser Pflanze. Sie ist Hauptingredienz der Wurmsbacher-Wallwurz-Salbe, kurz WUWASA, die im Kloster bezogen werden kann (siehe Adressen).

Wie Sie Ihre eigenen Kräuter anbauen und konservieren

»Sehet da, ich habe euch gegeben alle Pflanzen, die Samen bringen, auf der großen Erde«, heißt es in der Bibel. Nicht alle Pflanzen allerdings haben auch verwertbare Eigenschaften, leicht erkennbare jedenfalls. Die zahlreichen Stoffe, die Pflanzen während des Wachstums bilden oder aus ihrer Umgebung verwerten, lagern sie gewissermaßen ein. Wie diese Wirkstoffe sich entfalten, hängt wiederum von Standortfaktoren wie Licht, Sonne, Wärme, Boden und Witterungsverhältnissen ab. Grundvoraussetzung für den Erfolg von Kräuteranwendungen ist darüber hinaus sowohl der richtige Anbau als auch die richtige Sammelzeit, Aufbereitung und Lagerung.

Die verschiedenen Klöster hielten deshalb in ihren Arzneimittelschriften zahlreiche Anweisungen fest und entwickelten eigens Kräutersammelkalender, in denen die zu sammelnden Arzneipflanzen monatlich

Der Kräutergarten der Abtei Frauenwörth im Chiemsee

aufgeführt wurden – unverzichtbares Rüstzeug für die Kräuterweiber, die dann aus Wald und Wiesen die Zutaten für die Klosterärzte herbeischafften. Allerdings wurde die Sammelkunde mit Skepsis betrachtet, war sie doch im Heidentum mit allerlei Hexen- und Zauberglauben verbunden. »Beim Sammeln medizinischer Kräuter«, warnte beispielsweise der Bischof von Worms im Jahre 1020, »rettet nur das Glaubensbekenntnis und das Vaterunser.«

Der Anbau im Garten

Voraussetzung hierfür ist der richtige Boden. Die meisten unserer beliebten Küchenkräuter eignen sich für Lehmboden (Basilikum, Dill, Kerbel, Koriander, Liebstöckel, Melisse, Petersilie, Rosmarin, Salbei, Schnittlauch, Thymian), einige für Sandboden (Arnika, Borretsch, Estragon, Fenchel, Lavendel, Oregano). Wichtig ist, einen windgeschützten Platz zu finden mit rund sechs Stunden Sonnenscheindauer täglich. Lediglich Waldmeister und Minze zieht man im Schatten.

Der Anbau in Töpfen

In Töpfen werden Kräuterpflanzen nicht ganz so groß wie im Beet, aber für den Hausgebrauch reicht es vollkommen. Wuchernde Kräuter wie Liebstöckel, Sauerampfer und Minze sollten je ein eigenes Gefäß bekommen, genauso wie die Zwergsträucher Salbei, Rosmarin und Lorbeer. Am besten eignen sich große Blumentöpfe aus Ton oder Terrakotta. Weil die Kräuter in Blumenerde nicht so gut gedeihen, besorgt man sich Torfkultursubstrat aus Lehmerde und Torf. Am Boden der Gefäße müssen sich Abzugslöcher befinden – für die richtige Drainage. Legen Sie Scherben, Kies oder zerschlagene Ziegel in den Topf, bevor Sie die Erde darauf schaufeln.

Für den Garten wie für den Balkon gilt: Es ist weitaus günstiger, sich seine Kräuter aus Samen zu ziehen, als Jungpflanzen zu kaufen. Und wenn die Keimlinge nach ein paar Tagen aus dem Boden sprießen, freut sich auch der eingeschworenste Städter.

Richtig ernten und konservieren

In den mittelalterlichen Klöstern, und nicht nur da, war die Versorgungssituation stets eine Herausforderung. Da waren die langen Winter, in denen weder Gemüse noch andere Frischwaren zur Verfügung standen; die heißen Sommer, in denen Lebensmittel allzu leicht verdarben und voller Ungeziefer waren; im Spätsommer und Herbst dann reifte alles Obst gleichzeitig und konnte gar nicht so schnell eingekocht werden, wie es von den Bäumen fiel. Die richtige Ernte erforderte unter diesen Umständen nicht nur besonderes Geschick, sie setzte auch entsprechende Kenntnisse voraus, Nahrungsmittel über lange Zeiträume haltbar zu machen.

Das Trocknen war nach dem Salzen und Pökeln (für Fisch und Fleisch) die zweitwichtigste Konservierungsmethode im Mittelalter. Man dörrte Obst, Gemüse, Pilze und Kräuter je nach klimatischen Verhältnissen mit Sonnen- oder Ofenwärme oder auch im scharfen Wind. So kam man zu einem Vorrat an Kräutertees und Küchenkräutern.

Sie können Ihre Pflanzen zu einem Strauß zusammenbinden und ihn eine Woche lang im Schatten aufhängen. Sie können ihn auch im Backofen bei 50 Grad dörren, das dauert nur eine Stunde. Die Blätter sollten dabei grün bleiben, aber so spröde werden, dass sie zwischen den Fingern zerbröseln. Nach dem Zerkleinern füllen Sie die Kräuter in dunkle, luftdichte Gläser mit Schraubverschluss, damit sie ihr Aroma bewahren. In Suppen und Eintöpfen schmecken getrocknete Kräuter besonders kräftig, wenn sie länger mitkochen.

Das Einlegen: In Holzfässer eingelegt wurden Kraut und Rüben; das Kraut wird sauer, aber nicht schlecht. Um in sauren Essenzen Lebensmittel zu konservieren, gewannen die Mönche zunächst den Saft aus Wildbeeren und unreifen Trauben, Agras oder Agraz. Später erst wurde Essig aus Wein hergestellt – zum Einlegen von Fleisch, Früchten und Gemüse. Oft haben die Klosterleute den Essig mit Gewürzen und Kräutern verfeinert. Dieses Verfahren bewirkt nicht nur eine längere Haltbarkeit, das Gemüse wird dadurch auch schmackhafter, das Fleisch zarter.

Um Kräuteressig herzustellen, waschen Sie die Kräuter, tupfen sie trocken und geben sie in eine Flasche Essig. Mit der Zeit wird daraus ein feiner Kräuteressig. Sie können auch Kräuter zerkleinern und in eine dunkle Flasche mit gutem Öl geben. So gewinnen Sie Kräuteröl.

Das Zuckern: Honig und Zucker taugten nur in Maßen zum Konservieren, am besten entwickeln sie ihre Wirkung in Verbindung mit Essig. Ergebnis: süß-saure Gurken oder »mixed pickles«.

DAS EINSALZEN: Kräuter waschen und zerkleinern und mit Salz im Verhältnis eins (Kräuter) zu fünf (Salz) in ein dunkles Glas füllen, das Ganze feststampfen. Das Kräutersalz gehört in den Kühlschrank.

DAS EINFRIEREN: Blätter von den Stängeln streifen, hacken, in kleine Portionen aufteilen und einfrieren. In kleinen Plastikdosen aufbewahrt, können Sie Ihre Kräuter direkt ins Essen streuen.

Von A–Z:
Die 21 wichtigsten Heilpflanzen

Hinweis

Genau wie die Medikamente der Pharmaindustrie sollten auch die naturnahen, selbst gebrauten Heilmittel nur gewisse Zeit angewendet werden. Tritt in absehbarer Zeit keine Linderung oder Heilung ein, muss unbedingt eine Fachperson konsultiert werden.

Außerdem sollten Sie in jedem Fall abklären, auf welche Wirkstoffe Sie eventuell allergisch reagieren und, wenn Sie noch andere Medikamente einnehmen, welche Wechselwirkungen oder Unverträglichkeiten möglicherweise auftreten könnten.

Anis *(Pimpinella anisum)*

WIRKUNG: Der aromatische, kräftige Duft, den wir im Weihnachtsgebäck oder im Anisschnaps so lieben, ist nicht nur Gewürz, sondern hilft vor allem gegen Mundgeruch. Die Inhaltsstoffe wirken auch krampflösend und fördern das Abhusten von Schleim. Er hilft bei Verdauungsbeschwerden, Blähungen, Erkältungen und Appetitlosigkeit.

ANWENDUNG: Für Tee oder zum Inhalieren 2 TL im Mörser zerstoßene Samen auf eine Tasse heißes Wasser, 10 Minuten ziehen lassen.

Arnika *(Arnica montana)*

WIRKUNG: Wegen seiner entzündungshemmenden Wirkstoffe wird Arnika, die Heilpflanze Nummer eins in der Volksmedizin, gegen eine Vielzahl von Leiden eingesetzt: Akne, Blutergüsse, Quetschungen, Prellungen, Geschwüre, Wunden, schwere Beine, Durchblutungsstörungen, Bluthochdruck, Hals- und Rachenentzündungen, Halsschmerzen, Hämorrhoiden, Unterleibskrämpfe, Muskelkater.

ANWENDUNG: Feuchte Umschläge oder Gurgeln mit wasserverdünnter Arnikatinktur. Bei Halsschmerzen den Tee aber nicht schlucken. Er enthält nämlich einige giftige Substanzen. Arnikasalbe sollte gegen Akne,

Arnikagel gegen äußere Verletzungen möglichst mehrmals täglich aufgetragen werden.

Baldrian *(Valeriana officinalis)*

WIRKUNG: Baldriantropfen gehören zum Grundbestand fast jeder Hausapotheke. Die fast geruchlosen getrockneten Blüten (frisch duften sie intensiv) lindern Nervosität, Schlafstörungen, Kopfschmerzen. Die Wirkstoffe haben gleichzeitig einen anregenden Effekt bei Konzentrationsstörungen. Hildegard von Bingen führt Baldrian zudem als Mittel gegen Seitenstechen und Gicht an.

ANWENDUNG: Für Tee 2 TL getrocknete, geraspelte Baldrianwurzel auf eine Tasse kochendes Wasser, zugedeckt 2 Stunden lang ziehen lassen, dann abseihen und kalt trinken. Bei starker Nervosität nur 30 Minuten ziehen lassen, dann mit 2 TL Melissenblättern auf 60 Grad erhitzen, nochmals 5 Minuten ziehen lassen, dann abseihen. Auch als Badezusatz verwendbar.

Beinwell *(Symphytum officinale)*

WIRKUNG: Wie sein Name schon sagt, wirkt Beinwell (auch Wallwurz, Comfrey genannt) u. a. bei Bein- und Gelenkschmerzen. Die Inhaltsstoffe fördern die Durchblutung und die Neubildung von Gewebe. Der griechische Arzt Dioskurides verwendete Beinwell sogar zur Heilung von Knochenbrüchen. Umschläge mit Beinwellsalbe beschleunigen den Heilungsprozess bei Quetschungen oder Verbrennungen. Beinwell wirkt obendrein gegen Muskelkater, Zerrungen und Blutergüsse. ANWENDUNG: Praktisch sind die Salben und Gels, die man in der Apotheke bekommt. Es wird nur äußerlich angewendet.

Vorsicht: Beinwell darf nicht länger als vier Wochen jährlich, bei Kindern, Schwangeren und in der Stillzeit gar nicht angewendet werden.

Brennnessel *(Urtica dioica)*

WIRKUNG: Das unterschätzte und von Wanderern ungeliebte »Unkraut« enthält Mineralsalze und viel Kalium, das entwässernd wirkt. Dioskurides beschrieb die Brennnessel als erweichend, wind- und harntreibend und behandelte damit vor allem Geschwüre, Furunkel und Verdauungsstörungen. Heute verwendet man sie zur Anregung der Durchspülung der Nieren sowie der ableitenden Harnwege.

ANWENDUNG: Für Tee 2 gehäufte TL Brennnesseltrockenmischung auf eine Tasse heißes Wasser, 10 Minuten ziehen lassen. Nicht übertreiben mit der Menge, da der Tee gelegentlich leichte Magen- und Darmbeschwerden verursachen kann.

Fenchel *(Foeniculum officinale)*

WIRKUNG: Als eine der ältesten Heilpflanzen findet sich Fenchel auch heute noch in zahlreichen medizinalen Kräuterteemischungen wieder. Hilft bei Verdauungsstörungen, Blähungen oder Magenkoliken. Auch wenn er als Gemüse bei Kindern oft unbeliebt ist, kann man ihnen unbedenklich Fencheltee verabreichen.

ANWENDUNG: Für Tee 1 TL zerstoßene Fenchelsamen auf eine Tasse heißes Wasser, 5 Minuten ziehen lassen; zwischen den Mahlzeiten trinken.

Holunder, Schwarzer *(Sambucus nigra)*

WIRKUNG: Bereits die antiken Ärzte schätzten ihn als abführendes und harntreibendes Mittel. In der mittelalterlichen Klostermedizin war er geradezu ein Universalheilmittel. Heute wird er vor allem wegen seiner schweißtreibenden Wirkung angewandt. Ganz allgemein stärkt er unser Immunsystem.

ANWENDUNG: Für Heiltee 2 TL getrocknete Holunderblüten auf eine Tasse kochendes Wasser, 3 Minuten ziehen lassen, so heiß wie möglich trinken. Als Badezusatz: 100 g getrocknete Blüten auf 1 l gekochtes Wasser, 5 Minuten ziehen lassen, abseihen und ins Badewasser mischen.

Huflattich *(Tussilago farfara)*

WIRKUNG: Die Blätter des in Europa, Nordasien und Nordamerika verbreiteten Huflattich wirken krampflösend und entzündungshemmend und sind ein altbewährtes Mittel gegen Heiserkeit und chronischen Bronchialkatarrh (der botanische Name *Tussilago* kommt vom lateinischen *tussis agere* = Husten vertreiben) sowie Entzündungen der Mund- und Rachenschleimhäute.

ANWENDUNG: Für Tee oder zum Gurgeln beziehungsweise Spülen 1 gehäufter TL getrockneter Huflattichblätter auf eine Tasse heißes Wasser, 5 Minuten ziehen lassen. Bei äußerlicher Behandlung zerkleinerte frische Blätter auf die betroffene Stelle legen.

Johanniskraut *(Hypericum perforatum)*

WIRKUNG: Um das Johanniskraut ranken sich viele Geschichten. Bei den Germanen war es ein Symbol des Sonnenkults (daher der Name Sonnwendkraut), dem Volksglauben nach soll es besonders heilsam sein, wenn es am Johannistag (24. Juni) gesammelt wird, da es angeblich aus dem Blut des an diesem Tag geköpften Johannes des Täufers gewachsen sei. Dioskurides empfahl es bei Brandwunden und Ischias. Heute nutzt man es der stimmungsaufhellenden Wirkung wegen. Als Öl dient es der Nachbehandlung von Prellungen und Muskelkater.

ANWENDUNG: Für Tee 1 TL Johanniskraut auf eine Tasse siedendes Wasser, 10 Minuten ziehen lassen.

Vorsicht: Bei hellhäutigen Menschen kann Johanniskraut unter Sonneneinstrahlung hautverändernd wirken. Es führt auch zu Wechselwirkungen mit anderen Medikamenten.

Kamille *(Matricaria chamomilla)*

WIRKUNG: Die Kamille (insgesamt gibt es fünf verschiedene Arten) genoss unter den Mönchen und Nonnen hohes Ansehen und wurde gegen fast alle Gebrechen eingesetzt. Sie wirkt entzündungshemmend, krampflösend, schmerzlindernd und antibakteriell.

ANWENDUNG: Für Tee 2 TL Kamillenblüten auf eine Tasse heißes Wasser, 10 Minuten ziehen lassen. Zum Inhalieren 100 g auf 1 l heißes Wasser, 10 Minuten ziehen lassen, dem Badewasser zugeben. Für Umschläge 3 TL auf eine Tasse heißes Wasser, 10 Minuten ziehen lassen, abseihen.

Vorsicht: Kamillentee darf nicht am Auge angewendet werden, da es zu allergischen Reaktionen kommen kann. Kamillentinktur ist in der Apotheke erhältlich.

Lavendel *(Lavandula angustifolia)*

WIRKUNG: Die kurz vor dem Öffnen geschnittenen Blüten werden getrocknet und wirken bei innerer Anwendung beruhigend, weshalb sie oft Bestandteil so genannter Abendteemischungen sind. Lavendel fördert die Hautdurchblutung bei äußerlicher Anwendung. In der Klostermedizin wurde er nicht medizinisch eingesetzt, sondern als Duftpflanze. Er beruhigt nicht nur, sondern kann auch Verdauungsstörungen beheben. Übrigens: Die im Mittelmeerraum angebauten Pflanzen haben eine stärkere Wirkung.

Anwendung: Für Tee 2 TL Lavendelblüten auf eine Tasse heißes Wasser, 5 Minuten ziehen lassen, vor dem Schlafengehen trinken. Zur Verdauungsförderung mit Wermut und Pfefferminze mischen; dazu $\frac{1}{2}$ TL Wermut und je 1 TL Lavendel und Pfefferminze auf eine Tasse heißes Wasser, 5 Minuten ziehen lassen. Als anregendes Bad 100 g auf 2 l heißes Wasser, 5 Minuten ziehen lassen, abseihen und dem Badewasser zugeben.

Liebstöckel *(Levisticum officinale)*

Wirkung: Die wegen ihres Geruchs auch Maggikraut genannte Pflanze wirkt appetitanregend und gegen Blasenleiden. Bereits Dioskurides waren diese Wirkungen bekannt.

Anwendung: Für Tee 1 TL geraspelte Liebstöckelwurzel auf eine Tasse kochendes Wasser, 15 Minuten ziehen lassen.

Vorsicht: Konsultieren Sie Ihren Arzt bei dieser Behandlung und verwenden Sie Liebstöckeltee nicht länger als eine Woche!

Melisse *(Melissa officinalis)*

WIRKUNG: Melisse ist wegen ihres zitronig-frischen Duftes sehr beliebt. Die Blätter wirken krampflösend, beruhigend, antibakteriell und verdauungsfördernd. Bekannt ist sie bei der nicht Tee trinkenden Bevölkerung vor allem als Klosterfrau Melissengeist. Melisse habe »die Kräfte 15 anderer Kräuter in sich«, rühmte Hildegard von Bingen.

ANWENDUNG: Für Tee 2 TL Melissenblätter auf heißes Wasser, 5–10 Minuten ziehen lassen. Für Badezusatz 100 g auf 1 l heißes Wasser, 5–10 Minuten ziehen lassen, abseihen und dem Badewasser zugeben.

Pfefferminze *(Mentha piperita)*

WIRKUNG: Der Hauptwirkstoff Menthol wirkt bei innerer Anwendung krampflösend und desinfizierend. Äußerlich angewendet, hat das Menthol einen kühlenden Effekt und hilft auch entspannend bei Juckreiz. Sparsam einsetzen! Die Heilkraft der Pfefferminze wird in vielen Schriften seit der Antike hervorgehoben.

ANWENDUNG: Für Tee 1 TL Pfefferminzblätter auf eine Tasse heißes Wasser, 5–10 Minuten ziehen lassen.

Ringelblume
(Calendula officinalis)

WIRKUNG: Die leuchtend orangefarbenen und gelben Blüten setzt man getrocknet gegen Entzündungen und zur Beschleunigung von Wundheilungsprozessen ein.

ANWENDUNG: Für alle Anwendungsformen stellen Sie einen Tee aus den Blüten her: 2 TL auf eine Tasse heißes Wasser, 10 Minuten ziehen lassen. Bei Mund- und Rachenschleimhautentzündungen mehrmals täglich gurgeln, zur Wundreinigung die betroffene Hautstelle mit dem warmen Tee ausspülen.

Salbei *(Salvia officinalis)*

WIRKUNG: Sein Name (*salvare* = lat. retten, heilen) sagt es bereits: Salbei war immer schon Universalmedizin. Das ätherische Öl der Salbeiblätter ist, innerlich angewendet (Tee), schweiß- und entzündungshemmend und hilft gegen Blähungen, Völlegefühl und leichten Durchfall. Äußerlich angewendet (Aufgüsse, Gurgeln, Spülen), wirkt es schmerzlindernd und desinfizierend, mindert Fuß- und Achselschweiß.

ANWENDUNG: Für Tee 2 TL Salbeiblätter auf eine Tasse kochendes Wasser, 10–15 Minuten ziehen lassen. In der Apotheke erhalten Sie Salbeiöl und -tinktur, für die innerliche Anwendung davon 1–2 Tropfen auf eine Tasse heißes Wasser geben. Zur äußerlichen Anwendung 1–2 Tropfen auf 100 ml warmes Wasser. Unverdünnt auf entzündete Schleimhaut pinseln.

Schafgarbe *(Achillea millefolium)*

WIRKUNG: Die Schafgarbe, deren botanischer Name aus der griechischen Sagenwelt stammt (der verwundete Achilles nutzte sie angeblich zur Heilung seiner Wunden), wirkt krampflösend, galle- und verdauungsfördernd beziehungsweise appetitanregend. Die Schafgarbe gehört zu den ältesten Heilpflanzen überhaupt und wurde in China schon 4000 v. Chr. medizinisch genutzt. Der deutsche Name kommt daher, weil kranke Schafe sie instinktiv fressen.
ANWENDUNG: Für Tee 1 TL Schafgarbenkraut und -blüten auf eine Tasse heißes Wasser, 5 Minuten ziehen lassen. Für ein Sitzbad 100 g auf 20 l heißes Wasser, 5 Minuten ziehen lassen, abfiltern.

Spitzwegerich *(Plantago lanceolata)*

WIRKUNG: Der »König der Wege« wurde, wie Schriften aus assyrischer Zeit vermuten lassen, schon in der Steinzeit als Wundheilmittel angewendet. Paracelsus empfahl die Blätter zur Behandlung von Geschwüren, und Hildegard von Bingen verordnete Umschläge bei

Gicht, geschwollenen Drüsen und Knochenbrüchen. Heute wird Spitzwegerich bei Entzündungen der Mund- und Rachenschleimhäute sowie bei Erkältung, Husten und Bronchitis eingesetzt. Äußerlich angewendet (frischer Saft), beeinflusst er das Abheilen von leichten, entzündlichen Erkrankungen der Haut (z. B. Sonnenbrand) günstig.

ANWENDUNG: Für Tee 2 TL getrocknete Blätter auf eine Tasse heißes Wasser, 5 Minuten ziehen lassen. Eignet sich auch für Mundspülungen und zum Gurgeln. Für Sirup (bei hartnäckigem Husten von Kindern) die Blätter zerkleinern und entsaften, den Saft mit der gleichen Menge Honig 20 Minuten kochen; Kinder und Erwachsene nehmen 3- bis 4-mal täglich 1–2 EL.

Thymian *(Thymus vulgaris)*

WIRKUNG: Diese intensiv duftende Mittelmeerpflanze enthält das antibakteriell wirkende, desinfizierende, schleim- und krampflösende Thymol und ist ein altbekanntes Heilkraut, das schon von den Ärzten der Antike gerühmt wurde. Die Benediktinermönche brachten es in unsere Breitengrade. Sinnvoll bei Behandlung von Erkrankungen der Atemwege und Katarrhen.

ANWENDUNG: Für Tee 2 TL getrocknetes Thymiankraut auf eine Tasse heißes Wasser, 5 Minuten ziehen lassen. Bei starker Erkrankung maximal 6–8 Tassen pro Tag.

Als Badezusatz 100 g auf 1 l heißes Wasser, 5 Minuten ziehen lassen, abseihen und dem Badewasser zugeben. Eine Kombination mit anderen Heilkräutern ist sinnvoll und fördert den Heilungsprozess. Geeignet sind Huflattich, Spitzwegerich und Bibernelle.

Wermut *(Artemisia absinthium)*

WIRKUNG: Seit mehreren tausend Jahren kennt man Wermut als verdauungsförderndes, magenstärkendes und gegen Würmer eingesetztes Universalheilmittel.

ANWENDUNG: Für Tee 1 TL Wermutkraut auf eine Tasse heißes Wasser, 5 Minuten ziehen lassen. Trinken Sie den Tee lauwarm oder verbessern Sie den Geschmack durch Zugabe von Kamille, Fenchel, Anis oder Pfefferminze, die Sie im Verhältnis 1 : 1 mit dem Wermutkraut mischen. Wermutwein und -schnaps sind im Fachhandel erhältlich, aber auch leicht selbst herzustellen. Für Wein 30 g getrocknetes Wermutkraut auf 1 l Rotwein und $^1/_2$ l Maraschino, 6–8 Wochen ziehen lassen, zwischendurch schütteln, dann filtern. Für Schnaps 20–25 g Wermutkraut auf 1 l Wodka oder Korn, ebenfalls 6–8 Wochen ziehen lassen, ab und an sanft schütteln, dann abseihen. Schwester Ruth empfiehlt bei Magenschmerzen, ein frisches Blättchen zu zerkauen; dazu bedarf es zwar einiger Überwindung wegen des Geschmacks, es hilft aber innerhalb von Minuten.

Zwiebel *(Allium cepa)*

WIRKUNG: Vor allem als Küchengewürz verbreitet, hat die Zwiebel auch medizinischen Wert, und zwar beeinflusst sie den Fettstoffwechsel günstig, indem sie die Blutfette leicht senkt und das Zusammenklumpen der Blutplättchen hemmt (Vorbeugung gegen Thrombosen). In der Klostermedizin ist sie bis heute ein beliebtes Heilmittel zur Förderung des Appetits und der Verdauung. Durch ihre leicht antibakterielle Wirkung hilft sie auch bei Erkältungen, Ohrenschmerzen (v. a. über Umschläge, Wickel) oder bei Insektenstichen.

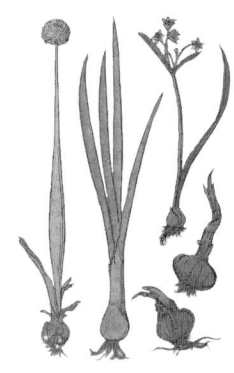

ANWENDUNG: Bei Insektenstichen eine frisch aufgeschnittene Zwiebel auflegen. Gegen Schlaflosigkeit helfen einige in Milch gekochte Zwiebeln. Dieser Hustensaft wirkt gut und ist auch bei Kindern sehr beliebt: Von einer großen Zwiebel wird der obere Teil abgeschnitten. Dann wird diese innen ein wenig ausgehöhlt und mit Kandiszucker gefüllt. Über Nacht hat der Zucker den Saft aus der Zwiebel gezogen. Jede Stunde einen Teelöffel voll davon einnehmen. Äußerliche Anwendungen: auf ein schmerzendes Ohr Zwiebelringe und darüber ein trockenes Tuch legen.

Aloe Vera –
vom Lob der »Wüstenlilie«

In den biblischen Schriften wird Aloe Vera ausschließlich als wohlriechende Pflanze gerühmt. Uns hingegen ist diese Gattung als vielseitige Heilpflanze und Kosmetikwirkstoff geläufiger. Äußerlich einem Kaktus ähnlich, gehört sie zu den Liliengewächsen. Woher sie ursprünglich stammt, ist nicht bekannt, wo sie verbreitet war allerdings schon. In ägyptischen Aufzeichnungen pflegt die schöne Kleopatra sich mit Aloe. Alexander der Große ließ seine Soldaten damit behandeln. Arabische Händler haben sie bis nach Tibet gebracht. Von den Mayas sind zahlreiche Aloe-Vera-Rezepte überliefert. Auch Dioskurides beschreibt ihre Wirkung in seinem Heilkräuterbuch. Kolumbus soll sie als Schiffsapotheke auf seinen Reisen mitgeführt haben, und spanische Jesuiten, die die Seefahrer begleiteten, führten sie schließlich im 16. und 17. Jahrhundert in die Neue Welt ein.

»DEINE KLEIDER SIND EITEL MYRRHE, ALOE UND KASSIA, WENN DU AUS DEN ELFENBEINERNEN PALÄSTEN DAHERTRITTST IN DEINER SCHÖNEN PRACHT.«

Psalm 45,9

Tatsächlich ist Aloe Vera gleichsam die »Erste-Hilfe-Pflanze«. So wird berichtet, dass ihr Saft Schnittwunden heilt, Verbrennungen, Sonnenbrand und Mückenstiche lindert, gegen Akne und Haarausfall hilft, zahlreiche Magenbeschwerden lindert und vieles mehr. Einige Anwendungsgebiete waren lange Zeit vergessen und werden heute nach und nach wieder entdeckt. In den letzten Jahren erlebte Aloe Vera bei uns geradezu eine Renaissance: im Haarshampoo, Duschgel, Joghurt, Tee, Fitnessgetränk, in der Hautcreme, als Nahrungsergänzung, selbst im Tierfutterzusatz. In allen möglichen Produkten wird Aloe Vera als *die* Wunderessenz angepriesen. Hunderte Wirkstoffe konnten wissenschaftlich nachgewiesen werden: Vitamin A, C und E, Mineralien wie Eisen, Magnesium, Zink, Kalzium und Phosphor sowie Aminosäuren sind wichtig für die Regulierung des menschlichen Stoffwechsels.

Beim Kauf von Aloe-Vera-Gel im Fachhandel sollten Sie darauf achten, dass der angegebene Aloe-Vera-Anteil mindestens 95 Prozent beträgt. Bedenken Sie: Trotz aller Versprechungen der Werbung gibt es – außer für die abführende Wirkung – erst wenige seriö-

> »Ich habe mein Lager mit Myrrhe, Aloe und Zimt besprengt.«
>
> Sprüche 7, 17

Aloe Vera – ihr Saft lindert vielerlei Beschwerden.

Pflegetipps mit Aloe Vera

- ALS GESICHTSMASKE: Die ledrige Haut von einem frischen Aloe-Blatt mit einem Messer entfernen, das Gel durch ein kleines Sieb drücken, damit es sämig wird. Mit 1 TL Honig und 2 EL Quark in einer Schüssel verrühren; Gesicht und Hals damit eincremen. Nach 10 Minuten lauwarm abspülen.

- ALS HAARPACKUNG: 3 EL frisches Gel mit ½ Tasse kalt gepresstem Oliven- oder Sesamöl und 1 Eigelb mischen, auf die Kopfhaut auftragen, 15–60 Minuten einwirken lassen und währenddessen das Haar in ein Handtuch wickeln; anschließend mit einem milden Shampoo auswaschen.

- BEI UNREINER HAUT UND AKNE: frisch abgeschabtes Gel auf die betroffene Stelle tupfen.

- HAUTPFLEGE: Haut mit reinem Aloe-Vera-Saft einreiben.

- BEI WUNDEN: Bei Verbrennungen, Schürfwunden, Insektenstichen und anderen kleinen Verletzungen ein Blatt abschneiden (eventuell filetieren) und die Schnittstelle auf die betroffene Stelle legen.

- BEI AKUTEM DURCHFALL ODER BLÄHUNGEN: stündlich homöopathische Aloe-Vera-Globuli oder Aloe-Vera-Trinksaft einnehmen.

- BEI WUNDEM BABYPO: Aloe-Vera-Gel aus dem Fachhandel auftragen oder mit einem in Aloe-Vera-Öl getunkten Wattebausch sanft abreiben.

se klinische Studien, die Aloe Vera eine so enorme Heilkraft bestätigen, wie heutzutage gern verbreitet wird. Allgemein gilt, dass ein therapeutischer Einsatz von Aloe Vera, äußerlich wie innerlich, stets nur unterstützend und in gravierenden Fällen unbedingt in Rücksprache mit einem Arzt erfolgen sollte!

Wenn Sie Ihre eigene Aloe-Vera-Pflanze ziehen möchten, kaufen Sie einen möglichst alten Stock, der mindestens vier Jahre alt ist. Stellen Sie ihn an einen sonnigen Platz, ein Südfenster; nicht zu oft gießen. Saft oder Gel gewinnen Sie, indem Sie eines der unteren Blätter abschneiden, die Unterseite anritzen und die Flüssigkeit auspressen. Grundsätzlich sind die älteren, dickeren Blätter am Außenrand die besten, weil darin die Wirkstoffe am konzentriertesten sind. Verwenden Sie frisches Gel oder Saft möglichst innerhalb von 24 Stunden, da die Wirkstoffe schnell abgebaut werden.

»Narde und Safran, Kalmus und Zimt, mit allerlei Bäumen des Weihrauchs, Myrrhen und Aloe mit allen besten Würzen.

Hohelied 4, 14

LEKTION VI

Von der Ruhe und der inneren Kraft

Marienstatue im Garten des Klosters auf dem Jakobsberg

Wie Gartenarbeit
Ihre Seele heilt

»DIE SEELE ERNÄHRT
SICH VON DEM, AN DEM
SIE SICH ERFREUT.«

Augustinus

Schwester Ruth und ich spazieren durch den hinteren Teil des Klostergartens. Die Augustsonne brennt zu dieser Nachmittagsstunde erbarmungslos auf uns nieder, über dreißig Grad wurden vorhergesagt. Schließlich erreichen wir das Wäldchen am unteren Ende des Gartens. Erleichtert, der Hitze vorübergehend entfliehen zu dürfen, betreten wir den kleinen Mischwald aus Linden, Buchen, Nadelhölzern und dichten Schneebeerensträuchern. Wir steigen über sturmgeknicktes Gehölz. Das Wäldchen hat enormen Schaden genommen im Unwetter vor zwei Tagen. Es wird Zeit und auch Geld kosten, das Bruchholz wenigstens notdürftig wegzuräumen.

Erstaunlich: Es ist nicht einfach nur die Ruhe nach dem Sturm, die uns hier wohltuend willkommen heißt.

Was macht sie aus, diese ganz besondere Atmosphäre der Stille, die uns bei einem Besuch im Kloster sofort in ihren Bann zieht? Rührt sie von den (meist) lautlosen Ordensleuten her? Ist sie nicht auch noch etwas Fundamentales, nur diesem Ort Innewohnendes? Wie aber ließe sich dieses Phänomen erklären? Mit der überzeugenden Kraft jener Freude, die Schwester Ruth erfährt? »Ohne Freude könnte ich die Fülle unseres Gartens gar nicht wahrnehmen. Ohne Freude geht gar nichts. Wenn es sie nicht gäbe, würde man aufgeben bei der ersten Enttäuschung.«

Der Garten als Lichtquelle

Für die Mönche ist das Licht, die Lebensquelle für Menschen, Pflanzen und Tiere, Synonym für Gott. »Gott ist Licht«, sagt der Evangelist Johannes, und überall da, wo Gott sich in die Geschichte hinein offenbarte, erschien ein überhelles Licht. Für Hildegard von Bingen war ein blitzhelles Licht am Himmel die Initialzündung ihres weiteren Lebens und Schaffens.

Nicht zuletzt dank ihrer Lehre gehören Sonne und frische Luft – beides Begleiterscheinungen eines Aufenthalts im Garten – zu jeder klösterlichen Krankenbehandlung. Wie erholend, manchmal gar erlösend es schon ist, wenn wir mal kurz Luft schnappen gehen – diesen fundamentalen Zusammenhang zwischen Licht einerseits und psychischem wie physischem Wohlbefinden andererseits erkannten die Mönche gewissermaßen ganz nebenbei.

Die legendäre englische Krankenschwester Florence Nightingale, die erste »weltliche Nonne«, wusste darüber Folgendes zu berichten: »Als Zweitwichtigstes nach frischer Luft erachte ich für den Kranken das Licht. Nicht nur Tageslicht, sondern direktes Sonnenlicht ist für die schnelle Genesung unbedingt notwendig. Aus Erfahrung kann ich sagen, dass ein Rekonvaleszenter anstatt tote Mauern anzustarren aus dem Fenster schauen muss, bunte Blumen sehen soll, bei ausreichendem Tageslicht in der Nähe eines Fensters lesen soll. Allgemein sagt man, Licht wirke auf das Gemüt. Das mag sein, doch wirkt es in nicht geringerem Maße auch auf den Körper.«

Ort der Meditation

Die Meditation ist ein fester Bestandteil in der Gartentradition unterschiedlichster Kulturen, ganz besonders in Klöstern. Unverzichtbar für Mönche ist hier zuallererst der Kreuzgang. Er dient verschiedenen religiösen

Ritualen, etwa Prozessionen (bei denen ein Kreuz vorangetragen wird) oder geistigen Übungen des Einzelnen sowie einem Spaziergang, einem Gespräch. Die Wege sind in der Regel so angelegt, dass man sie begehen kann, ohne einen bestimmten Anfang oder ein bestimmtes Ende zu haben. Im Gegensatz zum Labyrinth stellt die Mitte des Innenhofs auch nicht das Ziel dar, sondern ist Teil der meditativen Gartenarchitektur. In der Mitte kreuzen sich die Wege, hier kann man auch verweilen. Das Licht- und Schattenspiel in einem Kreuzgang changiert beim Meditieren zwischen innen und außen, im realen wie im höheren geistigen Sinn.

Auch die Nutzgärten mit Gemüse, Kräutern, Obst und Blumen sind im Kloster häufig auf ein Zentrum hin angelegt, um das herum die Pflanzen sprießen. Dabei muss dieses Zentrum nicht immer in der geometrischen Mitte liegen. Häufig bildet auch ein imaginäres Christuskreuz die Mitte. Diese zwar zentral ausgerichtete, aber nicht zielgerichtete Architektur, die man mit den eigenen Füßen »erwandern« kann, symbolisiert die spirituelle Suche nach dem Selbst – und nach Gott.

Verschiedene Formen der Meditation stehen derzeit im öffentlichen Interesse. Wer sich mit dem Yoga-Trend beschäftigt hat, kennt bereits den ersten Schritt: Am Anfang heißt es, sich körperlich und geistig auf die

Der Meditationsgarten im österreichischen Stift Admont

Meditation vorzubereiten. Grundsätzlich ist empfohlen, einen stillen Ort auszuwählen, an dem man den Alltag mit seinen Bergen von unerledigter Arbeit nicht ständig im Blickfeld hat oder abgelenkt wird. Dort nehmen Sie eine angenehme körperliche Position ein. Wenn Sie mögen, meditieren Sie mit Musik oder über einen Text.

Christliche Meditation beziehungsweise Kontemplation ist nicht in erster Linie auf das eigene Ich ge-

Gelassen in den Tag

- *Bildmeditation:* Bilder können starke Emotionen in uns wachrufen. Deshalb wählen Sie ein Bild, in dem Sie eine innere Tiefe spüren und das nicht zu oberflächlich ist. Abstrakte Bilder eignen sich oft besser, weil das Auge nicht an Gegenständen hängen bleibt.

- *Textmeditation:* Im Zentrum steht ein Text, kurz (Spruch, Aphorismus, Gedicht) oder länger (Bibelkapitel, Abschnitt aus einem Buch). Beginnen Sie besser mit etwas Kürzerem.

- *Musikmeditation:* Hildegard von Bingen nannte die Musik eine besondere Gabe Gottes auf dem Heilsweg. Musik und Meditation sind eng miteinander verbunden: Die gregorianischen Gesänge, aber auch entspannende Instrumentalmusik und Bachs Werke sind wunderbar geeignet.

- *Existenzmeditation:* Diese Form versucht, das Leben selbst zu erspüren. Mönchen gilt diese Art der Meditation als der wichtigste Weg zur Selbsterkenntnis oder Selbstfindung. Ziel ist keine ichbezogene, sondern eine dubezogene Transzendenz, da die eigene Existenz immer erst im Zusammenhang mit einem Gegenüber – Gott – fühlbar wird.

richtet. Ihr Wesen ist vielmehr die Versenkung in die Geheimnisse Jesu Christi. Schwester Ruth beispielsweise meditiert täglich etwa eine halbe Stunde, wortlos, bildlos, im reinen Gegenwärtigsein von Gott.

In der Meditation löst sich der Mensch aus seiner Verhaftung in das rein Diesseitige. Er gewinnt Abstand durch die Versenkung in das überzeitliche Sein. Auf diese Weise ist er auf einmal der Zeit nicht mehr unterlegen. Er gewinnt Gelassenheit, Geduld und neue Freude.

Mitten im Wurmsbacher Klosterwäldchen steht ein kleiner Pavillon, wie in alten Schlossgärten. Ein Ort der Kontemplation, im Sommer kühler, im Winter geschützter als die übrigen Teile des Gartens. Einzige Gesellschaft: eine rührend abstrakte Madonnenfigur, aus Holz geschnitzt. Das Geschenk einer Schülerin. Nur einen Steinwurf entfernt, hinter der alten Klostermauer, liegt der Zürichsee. Ein Bad, beschleicht mich der Gedanke, wäre mir jetzt fast lieber als eine Gartenbesichtigung.

> »Im Gebet wird der Geist zum Tempel Gottes, und die Seele wird sein Freund.«
>
> Basilius

Die Versuchung ist noch größer, wenn die Abkühlung sozusagen greifbar ist. Ich wische mir zum zigten Mal den Schweiß von der Stirn. Schwester Ruth, die mindestens eine Kleiderschicht mehr trägt als ich, scheinen die Temperaturen wenig auszumachen. Lächelnd steigt sie das Treppchen zum Pavillon hoch. Ich bleibe bei der Madonna stehen. Meine Gedanken schweifen ab, Jahre zurück zum Kreuzweg unweit der Ortschaft, in der ich aufgewachsen bin.

Übung:
Eine Textmeditation

Ob aus den Evangelien oder aus einem Gedichtband: Wählen Sie einen Text, der ihnen besonders gefällt. Lesen Sie ihn langsam durch. Gibt es eine Stelle, an der Sie stocken, die Sie an etwas erinnert? Bleiben Sie bei dieser Textpassage, stellen Sie Verbindungen her zwischen sich und dem, was Ihnen dazu einfällt. Legen Sie den Text beiseite. Wiederholen Sie dies so lange, bis Sie den Text ganz gelesen haben. Sie können über denselben Text auch an mehreren Tagen meditieren. Wählen Sie dazu vielleicht ein Gedicht, das Sie auswendig lernen. Stehen Sie nach dem Meditieren nicht nur einfach auf, sondern kehren Sie bewusst behutsam wieder in Ihren Alltag zurück.

Ort des Gebets

Schwester Ruth führt mich an eine Stelle an der alten Klostermauer, die für sie seit jeher einen besonderen Zauber ausstrahlt. Sie muss ihren Habit raffen, und meine Füße in den offenen Sommerschuhen bekommen die Brennnesseln empfindlich zu spüren, aber es lohnt sich: Auf einer leichten Erhebung hat man einen weiten Blick über den See bis tief hinein in die Glarner Alpen. Mit dem Schilf am Ufer, den sanft auf dem See tanzenden Booten und den langsam vorbeiziehenden Enten bietet sich uns ein Bild dar, wie es den Garten jenseits der Mauer nicht vollendeter ergänzen könnte. Den Frieden, die Vollkommenheit der Schöpfung und den spürbaren Rhythmus des Seins, unterlegt vom beständigen Schlag der Wellen, nehme ich hier so rein auf, wie es schöner nicht möglich erscheint.

»Ich begegne Gott überall im Garten«, schwärmt die Nonne, »im Großen wie im ganz Kleinen.« Gern würde sie hier einen Duftpfad anlegen, um die Erfahrung noch sinnlicher zu machen. Denn nicht zuletzt unterstützen Blumen dank ihres Duftes die ganzheitliche Meditation und sind schöner, reiner noch als Essenzen und Räucherstäbchen. Franz von Sales umschreibt es metaphorisch: »Die Meditation verfährt wie jemand, der eine Nelke, eine Rose, Rosmarin, Thymian, Jasmin, eine Orangenblüte einzeln, eine Blume nach der anderen riecht. Die Kontemplation gleicht jemandem, der ein Parfüm riecht, das aus all diesen Blumen besteht; in einer einzigen Empfindung nimmt er die eins gewordenen Düfte auf, die der andere gesondert und getrennt empfunden hatte.«

In einem Garten ereignete sich auch eine der berühmtesten Gotteserfahrungen überhaupt. Aufgewühlt, als ihm einmal ein Besucher von der Bekehrung zweier Männer erzählt, stürzt sich Augustinus in Mailand unter den Feigenbaum. Plötzlich hört er eine Stimme, die ihm zuruft: »Nimm und lies.« Es wiederholt sich:

Ein Duftgarten zum Meditieren

Nicht nur die Sinneserlebnisse von Ohren und Augen, auch
die der Nase sind für eine meditative Atmosphäre förderlich.
Schwer, lieblich, rund duftende Blumen blühen im Sommer.
Sie können sich auch eine Ganzjahresduftrabatte anlegen oder
ein Hochbeet an einem Zaun – ganz nach den Platzverhält-
nissen in Ihrem Garten.

Blüte
Frühling: Orangenblume, Traubenhyazinthen, Narzissen,
Veilchen, Tulpen, Schneeball, Falscher Jasmin
Sommer: Phlox, Hostas, Elfenspiegel, Bourbon-Rosen, Lilien,
Nachtviolen, Indianernesseln, Sommerhyazinthen
Herbst: Rosen, Orangenblume, Levkojen, Elfenspiegel, Clematis
Winter: Fleischbeeren

Pflanzzeiten
Wenn Sie im Herbst pflanzen, werden Sie bald darauf den
betörenden Honigduft der Fleischbeeren riechen.
Die Zwiebeln der Madonnenlilie sollten im August gesetzt
und nur mit 3 cm Erde bedeckt werden.

Anordnung
Wie beim Klassenfoto: Zuvorderst stehen die Kleinsten
(Fleischbeeren, Veilchen, Elfenspiegel, Traubenhyazinthen),

in der zweiten Reihe die Halbhohen (Narzissen, Hostas, Levkojen, Madonnenlilie, Falscher Jasmin, Indianernessel) und zuhinterst die großen (Orangenblumen, Rosen, Königslilien, Schneeball).

Pflege

Der Aufwand ist gering. Im Frühjahr den Boden mit etwas Komposterde erneuern, verwelkte Blüten abschneiden und eventuell die Veilchen versetzen, wenn sie zu sehr wuchern, die schweren Äste der – nach Himbeere duftenden – Rose an die Hecke binden und neue Triebe regelmäßig beschneiden.

Balkonblumen

Wenn Sie keinen Garten haben, lässt sich auch auf dem Balkon oder auf dem Fenstersims eine kleine, aber feine Duftquelle anlegen. Picken Sie sich einfach die niedrigen Pflanzen heraus: die immergrüne und im Winter blühende Fleischbeere, den nach Honig riechenden Duftsteinrich und Elfenspiegel, daneben Traubenhyazinthen, zitroniger Mottenkönig, Maiglöckchen, Impatiens, Zwergwermut und Rosen sowie Duftpelargonien.

Weil Pelargonien und Duftsteinrich frostfrei überwintern und andere Pflanzen jährlich ersetzt werden müssen, lassen Sie am besten alle in einzelnen Töpfen wachsen, die Sie im Balkon-kasten einfach nebeneinander stellen. Die Lücken wuchern rasch von selbst zu!

Im Kräutergarten des Klosters St. Marienstern

»Nimm und lies.« Augustinus nimmt das nächstbeste Buch zur Hand – die Briefe des Apostels Paulus. Er schlägt sie auf und liest: »Lasst uns ehrenhaft leben wie am Tag, ohne maßloses Essen und Trinken, ohne Unzucht und Ausschweifung, ohne Streit und Eifersucht. Legt als neues Gewand den Herrn Jesus Christus an und sorgt nicht so für euren Leib, dass die Begierden erwachen.« (Römer 13, 13–14) Die Botschaft des Evangeliums schlägt in Augustinus ein wie der Blitz. Im Alter von 32 Jahren, als Ehemann und Vater, beschließt Augustinus, von nun an ein Leben in mönchischer Keuschheit zu führen – und wird zu einem der vier großen Väter der lateinischen Kirche.

Suche nach der Mitte: das Labyrinth

Das Labyrinth ist *das* Sinnbild des Lebensweges, der Suche nach dem Zentrum – ein Symbol, das seit Urzeiten in das kulturelle Gedächtnis der Menschheit eingeschrieben ist. Dabei ist weder seine Bedeutung noch die Herkunft des Wortes gesichert. Selbst vom berühmtesten Labyrinth der Geschichte, in Kreta, gibt es keine Überreste mehr. Nach der griechischen Sage schloss König Minos den Minotaurus, das Zwitterwesen aus Stier und Mensch, im Labyrinth in seinem Palast ein, um die Menschheit vor ihm zu schützen. Es war zwar möglich, zum Minotaurus hineinzugelangen, doch niemand gelangte lebendig wieder heraus, bis Theseus kam, der den Minotaurus tötete und dank des berühmten Ariadnefadens den Ausgang fand.

> »Bedenkt, dass die Biene es nicht versäumt auszufliegen, um den Nektar der Blüten zu sammeln. Genauso muss es die Seele mit der Selbsterkenntnis halten. Glaubt es mir und fliegt zuweilen aus, um die Grösse und die Majestät eures Gottes zu betrachten.«
>
> Teresa von Ávila

Vielleicht gab es dieses Labyrinth ja nie wirklich, und möglicherweise steht es lediglich als Symbol für einen Ritus. Für die christliche Kultur allerdings gerann

Im Obstgarten des Klosters Eibingen

das Labyrinth zum Symbol des Lebens selbst: Immer wieder, wird damit vorgeführt, steht jeder von uns dem Zentrum häufig schon sehr nah, aber er bemerkt es nicht. Und meist muss er, wie es ihm aufgegeben ist, Umwege und Kreuzwege auf sich nehmen, um sein Ziel zu finden. Der kürzeste Weg ist nicht immer der beste und oft noch nicht einmal der schnellste. Wichtig ist es für jeden von uns, seinen Weg zu suchen, nicht davon abzuweichen, auch wenn es gelegentlich eng wird, und stets auf das Ziel zuzugehen, das im christlichen Sinne ja nicht der Weg selbst ist, sondern Christus in Gott.

Von der Ruhe und der inneren Kraft

In vielen Klostergärten und Kirchen – etwa im berühmten Chartres in Frankreich – finden sich Labyrinthsymbole oder Labyrinthe aus Hecken, aus zurechtgeschnittenem Rasen oder Steinen. Im Gegensatz zu dem des Minotaurus ist ein christliches Labyrinth allerdings kein Irrgarten. Wirklich verirren kann sich hier niemand, das wäre nicht im Sinne Jesu. Hier gibt es immer einen Eingang und einen Ausgang, und Mittelpunkt bleibt immer Jesus Christus, der von sich sagt: »Ich bin der Weg, die Wahrheit und das Leben.«

Eile mit Weile

»Wenn ich mehr Zeit hätte …«, so fängt auch Schwester Ruth bisweilen ihre Sätze an. Und in Einsiedeln schaut Bruder Konrad mehrmals auf die Uhr, während wir im Empfangszimmer sitzen. Beim Rundgang danach eilt mir der 71-Jährige im Schnellschritt voran, als wäre – jetzt fällt mir nur dieser Vergleich ein – der Leibhaftige hinter ihm her. Dabei ist es »nur« der nächste Termin auf dem klar geregelten Zeitplan, der ihn vorantreibt. Wo ist denn da der Unterschied zum hektischen Büroalltag, wo die viel beschworene klösterliche Ruhe, werden Sie fragen. Wie soll man bei so vielen Aufgaben noch geistige Einkehr halten?

Das Geheimnis ist, wie eigentlich alles aus der Klosterwelt, nahe liegend: Tu, was du tust, mit Bedacht, konzentriere dich einmal nur auf *eine* Sache. »Eines nach dem anderen«, sagt schon der Volksmund. Auch ein taoistischer Meister trifft die Sache im Kern: »Wenn ich stehe, dann stehe ich. Wenn ich gehe, dann gehe ich. Wenn ich sitze, dann sitze ich. Wenn ich esse, dann esse ich.« Da unterbrach ihn ein Schüler und widersprach: »Aber Meister, das tue ich doch auch!« Der Mönch aber entgegnete: »Nein, wenn ihr sitzt, dann steht ihr schon. Wenn ihr steht, dann lauft ihr schon. Wenn ihr lauft, dann seid ihr schon am Ziel.«

Bei diesem Gleichnis muss ich an das bestrichene Brot denken, das ich kürzlich in den Kühlschrank legte, weil ich beim Frühstück schon bei der Arbeit war. Sicher, das ist ein harmloses Beispiel. Aber ich könnte hier (leider) viele weitere anfügen, die weit weniger harmlos sind: etwa das der mangelnden Aufmerksamkeit im Feierabendverkehr. Dauernd denken wir an irgendetwas anderes, sind nie ganz aufmerksam bei dem, was wir gerade tun, und haben permanent Angst, etwas zu verpassen.

Der Tagesablauf der Ordensleute hingegen ist strikt geregelt. Wie könnte man sich besser auf etwas konzentrieren, als wenn man weiß, was als Nächstes zu tun ist? Im Wissen um die richtig bemessenen Pausen ist Überarbeitung ebenso ausgeschlossen wie Unterforderung und faules Rumhängen oder Langeweile. »Müßiggang ist der Seele Feind«, heißt es bei Benedikt. Gleichermaßen gilt, wie Hildegard von Bingen es formulierte: »Arbeite, so lange du kannst, doch hüte dich, deinen Leib durch zu viel Arbeit allmählich umzubringen. Denke stets daran, dass es dir nicht gegeben ist, deinen Körper neu zu schaffen. Deshalb bitte Gott beizeiten, dass er dir zu einem gesünderen Leben verhelfen möge, und warte damit nicht, bis du ihm voller Qual mit verzweifelten Bitten darum anflehen musst, deinen Zustand zu bessern.«

>Sei wie eine Brunnenschale, die zuerst das Wasser in sich sammelt und dann überfliessend es weiterschenkt. Sei keine Röhre, durch die das Wasser hindurchfliesst, in der Ruhe, Identität, Selbstbesitz, Verharren in Gott unmöglich sind.«

Bernhard von Clairvaux

Die Balance von Arbeit und Gebet, von Körper und Geist, ist das grundlegende Geheimnis der Mönche. Vom Aufstehen bis zur nächtlichen Ruhe – Ordensleute betten jede Stunde durch ein kleines Gebet in den Tagesablauf ein, geben ihr eine Struktur. »Die Brüder sollen zu bestimmten Zeiten mit Handarbeit, zu bestimmten Stunden mit heiliger Lesung beschäftigt sein«, sieht die Benediktusregel vor. Es ist das äußere Gleichgewicht von geistiger und körperlicher Ar-

Nonnen bei der Gartenarbeit, Kloster Eibingen

beit, das letztendlich zum inneren Gleichgewicht führt. Der Mensch ist weder nur Kopf noch nur Körper, sondern Seele *und* Muskeln machen ihn zu einem Geschöpf Gottes.

Zwar heißt es *Ora et labora*, aber das Gebet hat stets oberste Priorität. Für das Gebet soll jede Arbeit unterbrochen werden. Das sollten wir uns zu Herzen nehmen, wenn wir uns wieder zum Sklaven unserer Arbeit machen und denken, dass es ohne uns und ohne unseren sofortigen Einsatz nicht weitergeht. Es geht weiter.

Es ist nur eine Frage der Einteilung. Und des regelmäßigen Innehaltens. Mindestens stündlich einmal den Blick vom Computerbildschirm abzuwenden und nach draußen zu blicken, mal aufzustehen und ein paar Schritte zu tun hilft mehr als übermäßig lange Pausen, aus denen man nicht mehr zum richtigen Elan findet, oder – noch schlimmer – durchzuschuften.

Der Humus und die Demut

Nachdem mir Schwester Ruth die Beete und das »Pflanzensanatorium« gezeigt hat, wo die Wurmsbacher Nonnen Setzlinge aufziehen, kommen wir am unteren Garten vorbei. Der vom Unwetter angerichtete Schaden bietet hier fast ein surreales, symbolisches Bild: Von zwölf Apfelbäumchen in einer Reihe auf der Wiese blieben nur noch zwei übrig. Die restlichen liegen wie umgeknickte Streichhölzer am Boden. Ich stelle mir ein Gewitterwesen mit riesigen Händen vor, das spielerisch die Bäumchen abzählte: Eines nehm ich, eines lass ich stehen … Absurd. Nein: tragisch. Schwester Ruth schüttelt den Kopf. Im ersten Moment seien ihr die Tränen gekommen, als sie den Schaden in vollem Umfang erfasst hatte. Und voller Enttäuschung sei sie gewesen. Dann aber sei ihr die berühmte Stelle aus dem Buch Hiob eingefallen: »Der Herr hat gegeben, der Herr hat genommen« (Hiob 1, 21).

Die Klagerede Hiobs beschreibt den Urzweifel des Menschen, den Zweifel an Gott. Letztlich muss Hiob, müssen wir Menschen erkennen, dass wir keinen Einblick in Gottes Absicht haben, sondern uns demütig seinem Willen fügen müssen. So lehren uns vielleicht Gewitter und die Erde Demut oder, weltlicher ausgedrückt: Sie lehren uns, gewisse Gegebenheiten vertrauensvoll und optimistisch zu akzeptieren. Nicht umsonst liegt das lateinische Wort für Demut, *humilitas*, sprachgeschichtlich so nahe bei Humus, Erde. Etwas salopp formuliert wissen wir manchmal erst, was Demut ist, wenn wir im übertragenen Sinn auf dem Boden kriechen. Mit falscher Unterwürfigkeit, die wir früher oder später einmal als Unterdrückung empfinden würden, hat christliche Demut nichts zu tun.

> »GOTT ERHÖRT UNS NICHT NACH UNSEREM WILLEN, SONDERN ZU UNSEREM HEIL.«
>
> Franz von Assisi

Wer Demut verspürt, schätzt die Dinge um sich herum mehr und geht sorgsamer mit ihnen um. Doch nicht nur unsere natürliche und soziale Umwelt, auch wir selbst profitieren letztlich von etwas mehr Zurückhaltung und Bescheidenheit. »Die Liebe hat den Menschen erschaffen, die Demut hat ihn erlöst«, schrieb Hildegard von Bingen. Demut bringt Nähe zwischen die Menschen, während Hochmut Distanz schafft. Wer immer widersprechen muss, wer es immer besser wissen muss, zeigt weder Respekt gegenüber seinen Mitmenschen, noch ist er offen für die Anliegen oder Vorschläge anderer. Nur wer Demut kennt, kann auch Kritik annehmen und so an seinen kleineren und größeren »Fehlern« arbeiten.

Übung

Demut kann geübt werden, auch mit Hilfe von körperlicher Anstrengung. Arbeit war im Mittelalter der Königsweg, mehr und mehr an Demut, der höchsten aller Tugenden, zu erwerben. Wie tief verankert das Bewusstsein dafür war, absichtsvoll und in Demut vor Gott auch so genannte schmutzige Arbeiten zu verrichten, zeigt die Geschichte von Paphnutius, der seinen Hochmut bei der Gartenarbeit begraben wollte. Paphnutius war Abt eines sehr großen ägyptischen Klosters. Aus Ehrfurcht vor seinem frommen Lebenswandel, seinem hohen Alter und seiner priesterlichen Würde genoss er bei allen hohes Ansehen. Doch er erkannte, dass er hier jene Demut, die er so eifrig anstrebte, nicht erreichen könne. Deshalb floh er heimlich und gelangte unerkannt in ein fremdes Kloster in der Thebais. Die dortigen Mönche hielten den alten Paphnutius jeglicher Arbeit für untauglich und übertrugen ihm deshalb die Sorge für den Garten. Unter der Leitung eines jüngeren Bruders tat er dort Tag für Tag eifrig die ganze Gartenarbeit und all jene Arbeiten, die den Brüdern recht schwierig, niedrig und beschämend schienen – und lernte so doch noch die Demut.

Von der Rückkehr ins verlorene Paradies

Der Klosterfriedhof von Oberschönenfeld

Warum der Klostergarten uns etwas vom Himmel auf Erden gibt

> »WENN WIR UNS GEISTIG UND KÖRPERLICH ZUM SCHLAFEN RÜSTEN, SOLLTEN WIR UNS VORSTELLEN, GEIST UND KÖRPER DEN LIEBENDEN ARMEN GOTTES ANZUVERTRAUEN.«
>
> Teresa von Ávila

Im ummauerten Klostergarten von Mariazell-Wurmsbach liegt auch der kleine Friedhof, ein niedriges Zäunchen und ein Pflanzenbeet trennen ihn vom restlichen Garten. Schwester Ruth und ich betreten ihn nur für einen Moment, andächtig, wie mir scheint, fast wieder flüsternd. Vor kurzem ist eine ältere Nonne gestorben, ihr Grab ist besonders schön geschmückt. Die Blumen stammen natürlich von der Gartenschwester. Auf der anderen Seite des Friedhofs wächst ein Aprikosenbäumchen – der ewige Kreislauf von Tod und neuem Leben.

Auch der St. Galler Klosterplan trennt nicht strikt zwischen Nutzpflanzenbereich und Gräbern – hier der Acker als Arbeitsort, dort der stille Gottesacker für die letzte Ruhe. Bis ins 18. Jahrhundert war es so, dass öffentliche Friedhöfe in der Regel von nacktem Erdreich dominiert wurden, das manchmal um Gras oder Nutzpflanzen ergänzt wurde, deren Ertrag dann dem Pfarrer, dem Mesner oder Totengräber zustand. Vor allem in den Klostergärten war der Obstbaumgarten (Pomarium) im Friedhof.

Bis heute sind Friedhöfe von Mauern oder Hecken umgeben, meistens von Hecken aus dornigen Sträuchern. Das hatte einerseits eine symbolische Bedeutung, indem es unmissverständlich an die Dornenkrone Jesu Christi erinnerte, andererseits auch eine praktische Funktion, weil die Dornen sowohl eigene als auch wilde Tiere abhielt.

»Der Tod ist gross. Wir sind die Seinen lachenden Munds. Wenn wir uns mitten im Leben meinen, wagt er zu weinen mitten in uns.«

Rainer Maria Rilke

Erst 1784 entwickelte der Mediziner Johann Friedrich Gmelin die vielfach bis heute gültigen Grundlagen für die Bepflanzung von öffentlichen Friedhöfen, aber nicht aus ästhetischen, sondern aus hygienischen Gründen. Damals war man noch der Überzeugung, die Ausdünstungen beim Verwesungsprozess würden den Lebenden Schaden zufügen. Darum empfahl Gmelin, Pappeln und Weiden zu setzen. Erstens, um dem Boden Feuchtigkeit zu entziehen,

Von der Rückkehr ins verlorene Paradies

und zweitens, um die Winde abzuhalten, damit sie die schlechte Luft der Verwesung nicht weitertrügen.

Die Bepflanzung der Friedhöfe hatte aber noch einen anderen Zweck: Die Farben sollten den Gedanken an den Tod ihre Schwere nehmen. Vor allem Laubhölzer konnten den ernsten Charakter eines Grabes mildern, außerdem versinnbildlichen sie weit augenfälliger als Nadelbäume den biologischen Rhythmus von Werden, Vergehen und Wiederauferstehen.

Die Gräber der Klosterfriedhöfe waren ursprünglich den Ordensmitgliedern vorbehalten. Seit dem 11. Jahrhundert wurden dort dann auch Laien beigesetzt, jedoch in einem separaten Bereich. Das hatte vor allem finanzielle Gründe, weil den Klöstern damit auch Bestattungseinnahmen zuflossen. Erst als die Klöster auf diese Weise in Konkurrenz zu den Pfarrkirchen traten, kam es zu Zwistigkeiten.

Gottes eigener Acker

Der Begriff Gottesacker lässt sich vermutlich von einer Bibelstelle ableiten, die deutlich auf den Unterschied zwischen einem irdischen Acker und dem Acker der Auferweckung zum ewigen Leben verweist: »So ist es auch mit der Auferstehung der Toten. Was gesät wird, ist verweslich, was auferweckt wird, unverweslich. Was gesät wird, ist armselig, was auferweckt wird, herrlich. Was gesät wird, ist schwach, was auferweckt wird, ist stark. Gesät wird ein irdischer Leib, auferweckt ein überirdischer Leib.« (1. Korinther 15, 42)

Im 14. Jahrhundert hießen die außerörtlichen Pestfriedhöfe Wiens Gottesäcker. Der Begriff ist später durch die Augsburger Chronik von Burkard Zink (1474) belegt und wurde in mehrfacher Weise von Martin Luther verwendet, weshalb er zunächst nur für protestantische Friedhöfe galt und erst später allgemein als Bezeichnung für die letzte Ruhestätte verstanden wurde.

»ICH BIN DIE AUF-
ERSTEHUNG UND DAS
LEBEN. WER AN MICH
GLAUBT, DER WIRD
LEBEN, AUCH WENN
ER STIRBT.«

Jesus Christus

Je sinnlicher, desto symbolträchtiger. Vor allem auf Blumen trifft das zu. Aber Schwester Ruth schüttelt den Kopf, als ich sie frage, ob sie sich beim Blumenschmuck für die Kirche oder für den Friedhof nach den traditionellen Verknüpfungen von Farbe und Bedeutung richtet. Natürlich ist ihr die christliche Farbsymbolik bestens vertraut. »Meistens wähle ich die Farben aber intuitiv, Braun etwa am Karfreitag, um die Trostlosigkeit der Welt ohne Jesus Christus auszudrücken, leuchtendes Gelb dann an Ostern, wenn wir seine Auferstehung feiern.«

Der alte Friedhof des Klosters Loccum

Blumen haben erst in unserer Zeit Symbolgehalt für die sepulkrale Verwendung erhalten. In erster Linie waren auf den Äckern Gottes stark riechende Gewürze wie Wermut, Raute, Rosmarin und Salbei oder auch Zitrone beliebt. Manchen der Pflanzen, die man gern auf Friedhöfen verwendete, schrieb man sogar eine Unheil abwendende Wirkung zu.

Den Tod selbst freilich konnten auch sie nicht abwenden. Was für die Gläubigen kein Grund zu endloser

Der Campo Santo Teutonico in Rom

Während sich auf dem Petersplatz täglich hunderte, manchmal tausende Gläubige, Touristen und Einheimische tummeln und nicht gerade die richtige Stimmung zur geistigen Andacht verbreiten, führt links vom Haupteingang des Petersdoms, außerhalb der Kolonnaden, ein Tor zur ersehnten Ruhe. Hinter diesem Tor, eingebettet zwischen der modernen Audienzhalle Pauls VI. im Süden und der barocken Sakristei der Peterskirche im Westen, befindet sich der deutsche Friedhof im Vatikan, der Campo Santo Teutonico. Wo zur Zeit der römischen Kaiser Caligula und Nero Christen den Löwen vorgeworfen wurden, ließ Kaiser Konstantin die erste Basilika über dem Grab des heiligen Petrus errichten, später wurden dort eine Kirche, ein Spital, eine Pilgerherberge und ein Friedhof angesiedelt, die angeblich Karl der Große für die Pilger aus seinem Reich gestiftet hatte. Darum müssen Sie, um diesen Garten zu besichtigen, die Schweizer Garde auf Deutsch um Einlass bitten. Die ältesten Grabplatten auf diesem romantischen Gottesacker, auf dem man den Frieden der Ewigkeit förmlich zu spüren glaubt, stammen aus dem 15. Jahrhundert. Die prominenteste Grabstätte aus unserer Zeit gehört dem katholischen Schriftsteller Stefan Andres (1906–1970), einem der meistgelesensten deutschen Autoren in der Mitte des letzten Jahrhunderts. Bemerkenswert sind die in Mosaiken gestalteten Stationen des Kreuzwegs, die Sie an den Mauern des Friedhofes meditieren lassen.

Täglich geöffnet von 7.00–12.00 Uhr

Trauer ist, denn schließlich haben sie auf diesen Augenblick ihr Leben lang gewartet, um, wie es in den Todesanzeigen der Ordensleute so häufig geschrieben steht, »heimzukehren in den Schoß unseres Schöpfers«. Durch den Tod zu einem Leben, das nie wieder vergeht. Im Christentum ist der Tod ja nichts, das es zu verbannen oder zu tabuisieren gelte, da er kein Ende, sondern nur ein Übergang zum ewigen Leben ist.

Friedhofspflanzen und ihre Bedeutung

Obwohl Blumenbepflanzung auf den Klosterfriedhöfen früher eher selten vorkam, gibt es auch hier Klassiker.

- *Alpenveilchen*   auch als blutende Nonne bekannt wegen des roten Flecks in der Mitte der Blüte, die sich wie der Kopf eines Trauernden neigt und so an das Leid Mariens erinnert.
- *Rote Rose*   symbolisiert das Märtyrertum. Die kräftige Farbe verblüfft, denn heute sind Trauerfarben eher gedämpft.
- *Apfelbaum*   Sündenfall
- *Nussbaum*   Leib und Seele
- *Kirsche*   Paradies
- *Eibe, Wacholder, Holunder*   schützen vor bösen Mächten
- *Efeu, Buchs, Immergrün*   Beständigkeit, ewiges Leben

»*Die Ernte ist groß*«

Ausgewählte Worte Christi

»*Das Himmelreich gleicht einem Menschen,
der guten Samen auf seinen Acker säte.*«
Matthäus 13, 24

»*Die Ernte ist groß, aber wenige sind der Arbeiter. Darum bittet
den Herrn der Ernte, dass er Arbeiter in seine Ernte sende.*«
Matthäus 9, 37

»*Ich bin der Weinstock, ihr seid die Reben. Wer in mir bleibt und
ich in ihm, der bringt viel Frucht; denn ohne mich könnt ihr
nichts tun.*«
Johannes 15, 1

»*Selig sind die Sanftmütigen; denn sie werden das Erdreich
besitzen.*«
Matthäus 5, 5

»*Ich bin der Weg und die Wahrheit und das Leben; niemand
kommt zum Vater denn durch mich.*«
Johannes 14, 6

»*Wahrlich, wahrlich, ich sage euch: Wenn das Weizenkorn
nicht in die Erde fällt und erstirbt, bleibt es allein; wenn es aber
erstirbt, bringt es viel Frucht.*«
Johannes 12, 24

»*Seht die Raben an: Sie säen nicht, sie ernten auch nicht,
sie haben auch keinen Keller und keine Scheune, und Gott
ernährt sie doch. Wie viel besser seid ihr als die Vögel.*«
Lukas 12, 24

»*Bittet, so wird euch gegeben; suchet, so werdet ihr finden;
klopfet an, so wird euch aufgetan.*«
Matthäus 7, 7

»*Gebt, so wird euch gegeben. Ein volles, gedrücktes, gerütteltes
und überfließendes Maß wird man in euren Schoß geben; denn
eben mit dem Maß, mit dem ihr messt, wird man euch wieder
messen.*«
Lukas 6, 38

»*Wahrlich, wahrlich, ich sage euch: Wer mein Wort hört und
glaubt dem, der mich gesandt hat, der hat das ewige Leben und
kommt nicht in das Gericht, sondern er ist vom Tode zum Leben
hindurchgedrungen.*«
Johannes 5, 24

»*Denn es gibt keinen guten Baum, der faule Frucht trägt,
und keinen faulen Baum, der gute Frucht trägt. Denn jeder
Baum wird an seiner eigenen Frucht erkannt.*«
Lukas 6, 43

Anhang

Fenster zum Kloster

Ausgewählte Kloster-Tipps

Zisterzienserinnenabtei Mariazell-Wurmsbach

Im Jahr 1843 eröffnete Äbtissin Aloisia Coelestina Müller während des Kulturkampfs auf Druck der Kantonsregierung hin ein Mädcheninstitut mit sechzehn Schülerinnen und zwei Lehrerinnen. Das 1259 gegründete Kloster wäre sonst, wie viele Klöster in der Schweiz, aufgehoben worden. Zusätzlich zur Impulsschule finden öffentliche Meditationsabende und Gottesabende statt. Hier können Sie auch die Wurmsbacher-Wallwurz-Salbe, kurz WUWASA, erwerben.

Kloster Wurmsbach
Zisterzienserinnenabtei Mariazell
CH-8715 Bollingen SG
Tel.: 00 41/(0)55/2 25 49 00
Fax: 00 41/(0)55/2 25 49 04 (Kloster); -09 (Schule)
www.kath.ch/wurmsbach
E-Mail: info@wurmsbach.ch

Benediktinerabtei Einsiedeln

Die beeindruckende Anlage der Abtei in Einsiedeln mit seiner üppig-barocken Stiftskirche übt eine große Anziehungskraft auf Gläubige aus der ganzen Welt aus. Mit dem Kloster ist keine Pension verbunden, aber in der Nähe gibt es viele Hotels, zum Beispiel das »Gasthaus zu den zwei Raben« auf der winzigen Insel Ufenau im Zürichsee, der Insel der Stille, die seit 965 dem Stift Einsiedeln gehört (Kontakt: Pater Othmar Lustenberger Tel.: 00 41/(0)55/4 18 65 42). Gäste für Priesterexerzitien (im November) oder andere Aufenthalte im Kloster melden sich bei: P. Urban Federer, Tel.: 00 41/(0)55/4 18 62 40, gastpater@bluewin.ch

Kloster Einsiedeln
Postfach
CH-8840 Einsiedeln
Tel.: 00 41/(0)55/4 18 61 11 Fax: 00 41/(0)55/4 18 61 12
www.kloster-einsiedeln.ch
E-Mail: kloster@kloster-einsiedeln.ch

Benediktinerabtei St. Ottilien

Die Mönche der Erzabtei St. Ottilien, unweit des Ammersees, bewirtschaften ein rund 200 Hektar großes Gut mit Ackerbau, Rinderzucht, Milchwirtschaft, Schweinemast und Hühnerhof, dazu ein kleines Waldstück. Im Freiland und in den Gewächshäusern wird Gemüse angebaut. Die Erträge aus den Obstgärten werden zu Apfelmost und Gebranntem verarbeitet. Auch eine Imkerei fehlt nicht. St. Ottilien ist ein richtiges Klosterdorf, mit Gymnasium, Exerzitien- und Gästehäusern (insgesamt stehen 32 Zimmer zur Verfügung), einem Verlag und Werkstätten. Gäste können allerdings nicht mitarbeiten. St. Ottilien hat sogar einen eigenen »Kräuterpater«, Kilian Saum, der von 1993 bis 2003 Leiter der Kranken- und Pflegeabteilung des Klosters war. Zusammen mit einem Historiker, einem Arzt und einem Naturheilkundler hat er alte Heilverfahren neu geprüft und im *Handbuch der Klosterheilkunde* festgehalten, in dem über 100 Heilkräuter porträtiert werden. Ein handsigniertes Exemplar kann für 24,80 Euro im Kloster gekauft werden.

Gästehaus St. Benedikt
D-86941 St. Ottilien
Tel.: 0 81 93/71-3 41
Fax: 0 81 93/71-3 32
www.erzabtei.de
E-Mail: gastpater@erzabtei.de

Franziskanerkloster Dietfurt

Das Angebot des Meditationszentrums Sankt Franziskus im Kloster Dietfurt, das vor fast 350 Jahren erbaut wurde und zwischen Nürnberg und Regensburg liegt, ist beeindruckend: Qi Gong, Zen-Kurse, Musikmeditation, Assisi-Reisen, Sesshin, Ikebana, sakraler Tanz und Tai chi chuan – die Franziskaner setzen der Meditation keine Grenzen. Wie ihr Ordensgründer Franz von Assisi im Mittelalter, sind auch die heutigen Franziskaner offen für neue Lebensstile und neue Formen der Frömmigkeit. Beachtlich ist auch der zum Meditationszentrum gehörende Klostergarten, der seit seiner Entstehung nach ökologischen Grundsätzen bewirtschaftet wird: Rund 1000 Quadratmeter Gemüsegarten, Obstbaumgarten und natürlich auch ein Kräutergarten mit 200 verschiedenen Pflanzen. Auf den ganzen Garten gerechnet sind es sogar über 300 Arten. Ein Kreuz bildet den Grundriss des Gartens, in der Mitte steht ein Brunnen, der von der hauseigenen Quelle gespeist wird.

Franziskanerkloster Dietfurt
Klostergasse 8
D-92345 Dietfurt
Tel.: 0 84 64/6 52-0
Fax: 0 84 64/6 52-22
www.franziskaner.de/dietfurt/
E-Mail: dietfurt@franziskaner.de

Franziskanerkloster Eggenfelden

»Wir sind kein Bildungshaus, keine Tagungsstätte, kein Erholungsort für Urlaubsgäste, sondern eben ein Kloster zum Mitleben«, betonen die Mönche des Franziskanerklosters Eggenfelden auf ihrer Homepage. Als Gäste aufgenommen werden Männer und Gruppen, denen insgesamt acht Zimmer zur Verfügung stehen. Willkommen ist, wer aktive Ruhe oder Abstand vom Alltag in Form von körperlicher und/oder geistiger Arbeit sucht.

Anmeldung und Fragen an:

P. Samuel Heimler
Franziskanerplatz 1
D-84307 Eggenfelden
Tel.: 0 87 21/96 59-0 oder -11
Fax: 0 87 21/96 59-16
www.franziskaner.de/eggenfelden/
E-Mail: eggenfelden@franziskaner.de

Benediktinerkloster Maria Laach

In der Vulkaneifel rund 50 km südlich von Bonn gelegen, beherbergt Maria Laach ein Archiv für Liturgiewissenschaft, und in der Klostergärtnerei wird eine große Auswahl an Topf- und Beetpflanzen, Sträuchern, Bäumen, Koniferen, Stauden sowie Wasserpflanzen aus der großen Gartenanlage zum Verkauf angeboten, außerdem Äpfel aus dem hauseigenen integrierten Anbau. Das Kloster führt auch eine Buch- und Kunsthandlung, den Kunstverlag »ars liturgica« und das Naturkundemuseum St. Winfried. Mitarbeit von Gästen ist nicht möglich.

Abtei Maria Laach
Benediktinerabtei
D-56653 Maria Laach
Tel.: 0 26 52/5 90
www.maria-laach.de
E-Mail: abtei@maria-laach.de

Klostergärtnerei:
Tel.: 0 26 52/5 94 20
E-Mail: gaertnerei@maria-laach.de
Öffnungszeiten: Mo–Sa 9–17.30 Uhr, So 10–17.30 Uhr

Kloster Benediktbeuern

Ganz im Sinne ihres italienischen Gründervaters Don Bosco liegt der Schwerpunkt des Klosters Benediktbeuern im bayerischen Voralpenland, das auf eine mehr als 1250-jährige Geschichte zurückblickt, in der Jugendarbeit. Heute gibt es dort zwei Hochschulen und ein vielfältiges Bildungsangebot inklusive Jugendherberge. Im Kloster selbst finden Konzerte und andere kulturelle Veranstaltungen statt, vom Tanzkurs über Kommunikation bis zum Meditationswochenende. Besonders sehenswert: der Lehrkräutergarten des Klosters.

Gästehaus der Salesianer Don Boscos
Don-Bosco-Straße 1
D-83671 Benediktbeuern
Tel.: 0 88 57/8 81 95
Fax: 0 88 57/8 81 39
www.kloster-benediktbeuern.de
E-Mail: gaestehaus@kloster-benediktbeuern.de

Zisterzienserabtei Marienstatt

Eine der bedeutendsten Niederlassungen der Zisterzienser in Deutschland liegt im schönen Westerwald, ganz in der Nähe von Montabaur. Rund um das Kloster gibt es herrliche Spazierwege. Die Buchhandlung der Abtei ist bestens sortiert und organisiert Veranstaltungen auf hohem Niveau. Bruder Bernhard pflegt mit viel Hingabe einen romantischen Klostergarten. Einer seiner Vorgänger hat hier einen Hain mit Bäumen aus aller Welt angelegt. Im Gästehaus sind auch Familien mit Kindern willkommen.

Zisterzienserabtei
D-57629 Marienstatt
Tel./Fax: 0 26 62/67 22
www.marienstatt.de
E-Mail: abtei.marienstatt @t-online.de

Benediktinerinnenabtei St. Hildegard

Die Benediktinerinnenabtei St. Hildegard, die 1165 von Hildegard von Bingen als zweites Kloster (nach Rupertsberg) gegründet wurde, liegt mitten in den Weinbergen oberhalb der Stadt Rüdesheim am Rhein und hat einen etwa vier Hektar großen Klostergarten, der neben einem Stück Wald auch verschiedene Obstfelder, Gemüseanlagen und viele Sträucher und Blumen beherbergt. Die Mitarbeit von Gästen ist willkommen. Im Klosterladen werden Wein, Likör und Dinkelprodukte vertrieben, dazu kommen eine Buch- und Kunsthandlung, eine Goldschmiede, ein Ikonenatelier und eine Keramikwerkstatt.

Benediktinerinnenabtei St. Hildegard
Postfach 1320
D-65378 Rüdesheim am Rhein
Tel.: 0 67 22/49 90
Fax: 0 67 22/49 91 78
www.abtei-st-hildegard.de
E-Mail: gaeste-st-hildegard@t-online.de

Augustinerabtei St. Thomas in Brünn

Die 1350 gegründete Augustinerklostergemeinschaft markiert die Einführung des Ordens in Mähren, der 1356 vom Papst bestätigt wurde. Zu den Schätzen der Abtei zählen die elegante Bibliothek aus dem 18. Jahrhundert mit ca. 27 000 Büchern, Manuskripten und Drucken und die gotische Basilika Mariä Himmelfahrt. Ein weiterer Schatz ist die Panna Maria Svatotomska oder Altbrünner Madonna, verehrt als Palladium der Stadt Brünn, ein Werk, das der Legende nach vom Evangelisten Lukas gemalt wurde. Das Kloster führt

auch regelmäßig Konferenzen, Ausstellungen und andere
Veranstaltungen durch.

Abtei St. Thomas
Mendlovo náměstí 1
CZ-603 00 Brno
Czech Republic
Tel.: 0 04 20/(0)5 43/42 40 10/-11
Fax: 0 04 20/(0)5 43/42 40 33
www.d-net.cz/opatbrno/opatstvi/germ1.htm
E-Mail: opatbrno@d-net.cz

Zisterzienserinnenkloster
St. Marien zu Helfta

Das Zisterzienserinnenkloster Helfta ist die Heimat dreier
großer deutscher Mystikerinnen: Mechtild von Magdeburg
(1207–1282), Mechtild von Hakeborn (1241–1299) und Ger-
trud von Helfta (1256–1302). Im 13. Jahrhundert war es
bekannt als »Krone der deutschen Frauenklöster«. Einzelgäste und Gruppen können im Gästehaus unterkommen
und verschiedene geistliche Angebote wahrnehmen. Bald
soll ein Labyrinth in Herzform mit sieben Umgängen entstehen, etwa 30 x 40 m groß, mit Heil- und Heckenpflanzen.

Kloster St. Marien zu Helfta
Lindenstraße 36
D-06295 Eisleben
Tel.: 0 34 75/71 15 00
Fax: 0 34 75/71 15 55
www.kloster-helfta.de
E-Mail: pforte@kloster-helfta.de

Kapuzinerkloster in Rapperswil

»Kloster zum Mitleben« heißt das Motto dieses Klosters, das 1602 gegründet wurde und heute zu den letzten Kapuzinerklöstern in der Schweiz gehört. Um die drohende Schließung abzuwenden, betreiben die Brüder seit zehn Jahren ein offenes Kloster und haben seither fast 600 Gäste beherbergt, egal welcher Konfession. Wer hierher kommt, kann nicht einfach nach Lust und Laune seinen Tag gestalten, sondern wird in den althergebrachten Tagesablauf der Kapuziner eingebunden. »In anderen Klöstern werden die Gäste öfter sich selbst überlassen«, erklärt der verantwortliche Bruder Josef Hollenstein, »bei uns treffen sie auf einen strukturierten Tagesablauf.«

Kapuzinerkloster Rapperswil
Bruder Patrik Schäfli
Postfach 1438
CH-8640 Rapperswil
Tel.: 00 41/(0)55/2 20 53 10 (Zentrale)
Fax: 00 41/(0)55/2 20 53 03
www.klosterrapperswil.ch
E-Mail-Formular über die Internetseite

Benediktinerinnenabtei zur heiligen Maria in Fulda

Die Fuldaer Nonnen gehören hierzulande zu den Wegbereiterinnen des biologischen Gartenbaus. Bereits in den Fünfzigerjahren begann man in Fulda konsequent biologisch zu gärtnern und mit Naturprodukten zu experimentieren. Aus dieser Zeit – ohne nachlassende Wirkkraft – stammt auch das Kompostpulver Humofix. Besucherinnen können am Chorgebet in der Kirche teilnehmen, und interessierte Jugendliche dürfen in den klostereigenen Gärten mithelfen. Angeboten werden zweimal jährlich Einkehrwochenende für die Gemeinschaft der Weltoblaten, monatliche Vorträge, Tage der Stille für Einzelgäste (geistliche Gespräche nach Wunsch), geistliche Begleitung und Einzelexerzitien sowie Informationsvorträge für Gartenbauinteressierte.

Benediktinerinnenabtei zur heiligen Maria
Nonnengasse 16
D-36037 Fulda
Tel.: 06 61/90 24 50
Fax: 06 61/9 02 45 45
www.abtei-fulda.de
E-Mail: kontakt@abtei-fulda.de

Benediktinerabtei Plankstetten

Die Abtei im oberpfälzischen Altmühltal will »ein Ort sein für Menschen, die Stille, Orientierung und religiöse Vertiefung suchen«. Ein umfangreiches Programm bietet Angebote zur Spiritualität und geistlichen Bildung. Das Kloster hat sich vollkommen auf biologische Landwirtschaft umgestellt. Es besitzt neben einem Bauernhof eine Bäckerei, Metzgerei und selbstverständlich auch einen Klostergarten.

Benediktinerabtei Plankstetten
Klosterplatz 1
D-92334 Berching
Tel.: 0 84 62/20 61 03
Fax: 0 84 62/20 61 21
www.kloster-plankstetten.de
E-Mail: gaestehaus@kloster-plankstetten.de

Klostergärten in Österreich

Klöster haben neben wunderbarer Architektur, einmaligen Kunstschätzen, Konzerten in historischem Ambiente, Angeboten für Erholung und Besinnung etc. auch kunstvoll gestaltete Gartenanlagen mit besonderem Flair. Diese Gärten atmen den Geist einer glorreichen Vergangenheit. Aufwändige Restaurierungen und liebevolle Pflege machen sie heute wieder zum Erlebnis für Körper und Seele. Gerade im Frühjahr entfalten die Klostergärten ihre ganze Farbenpracht. Der Duft der Kräuter und Rosen liegt wie ein wundervoller Zauber in der Luft. Der Verein »Klösterreich« in Österreich hat ein Programm für eine siebentägige Themenreise »Klösterreich – Pflanzenreich« zusammengestellt. Informationen zu den Klostergärten:

Klösterreich-Garten-Koordinator P. Stefan Gruber
von der Benediktinerabtei Seitenstetten
Am Klosterberg 1
A-3353 Seitenstetten
Tel.: 00 43/(0)74 77/4 23 00-0
Fax: 00 43/(0)74 77/4 23 00-50
www.stift-seitenstetten.at
E-Mail: stift@stift-seitenstetten.at

Die Garten-Reise

Benediktinerstift Altenburg Eingeschlossen von den Wäldern des Kamptales liegt das »Barockjuwel des Waldviertels« mit seinen herrlichen Höfen und Gärten. Der Großteil ist beim Besuch des Stiftes geöffnet und lädt zum ruhigen Verweilen ein.

Tel.: 00 43/(0)29 82/34 51-14

Prämonstratenser Chorherrenstift Geras   Der Kräutergarten des Stiftes mit dem Kräuterlehrpfad, gepflegt von
»Kräuterpfarrer« Hermann Josef Weidinger, zeigt heimi-
sche Heil- und Küchenkräuter. Seit Gründung des Stiftes
(1153) werden hier Gärten kultiviert.

Tel.: 00 43/(0)29 12/3 45-0

Benediktinerstift Göttweig   Waldlehrpfad zum Arbore-
tum mit Mammutbäumen. Geländekarte an der Pforte.

Tel.: 00 43/(0)27 32/8 55 81-2 31

Augustiner Chorherrenstift Klosterneuburg   Die revitali-
sierte Orangerie (Gewächshaus) präsentiert sich als tropische
Oase inmitten des Stiftsareals. Besichtigung nur möglich zwischen 1. Mai und 16. Oktober für Gruppen nach Anmeldung.
In diesem Zeitraum kann man die Orangerie auch mieten.

Tel.: 00 43/(0)22 43/4 11-1 21 oder 2 51
Tel. Orangerie: 00 43/(0)22 43/4 11-1 89

Zisterzienserstift Lilienfeld   Zum Stift gehört ein Klos-
terpark mit rund hundert verschiedenen Baumarten aus
Europa und Nordamerika (etwa 4 Hektar groß!). Ein aus-
führlicher Stiftsparkführer ist an der Pforte erhältlich.

Info: Fremdenverkehrsverein Lilienfeld
Tel.: 00 43/(0)27 62/5 23 86

Benediktinerstift Melk   Die liebevoll restaurierte barocke
Gartenanlage mit dem ca. im Jahr 1750 von Franz Munggen-
ast erbauten Gartenpavillon (als Café eingerichtet) ist vom
1. Mai bis 31. Oktober zugänglich. Neu im Stiftspark ist ein

»Paradiesgärtlein« als Nachempfindung eines Klostergartens mit Kräutern, Blumen und Obstbäumen.

Tel.: 00 43/(0)27 52/5 55 oder -2 25

Benediktinerabtei St. Lambrecht   Im »Naturpark Grebenzen«, dem St. Lambrechter Hausberg, wird auf spannende Weise ein Zugang zu den Naturschönheiten der Region vermittelt. Besonderes sehenswert ist das Pater-Blasius-Hanf-Vogelmuseum im Stift St. Lambrecht (entstanden ab 1840), welches ca. 600 Exponate von 259 verschiedenen Vogelarten präsentiert. Abwechslungsreiches Sommerprogramm.

Tel.: 00 43/(0)35 85/23 05-29

Benediktinerabtei Seckau   Der Klostergarten lädt in seiner Beschaulichkeit zum Zurückziehen, Lesen (Leihbibliothek) und Verweilen ein.

Tel.: 00 43/(0)35 14/52 34-10

Benediktinerstift Seitenstetten   Der Kloster- und Hofgarten mit einem barocken Zentrum wurde 1996 neu eröffnet. Es gibt ein Rosarium mit über hundert vorwiegend historischen Rosensorten, einen Kräuter- und einen Nutzgarten. Er ist von Ostern bis Allerheiligen gegen eine freiwillige Spende frei zugänglich. Jährlicher Höhepunkt: Gartentage Mitte Juni.

Tel.: 00 43/(0)74 77/4 23 00-0

Zisterzienserstift Zwettl   Ein Ökogärtner führt durch die Schauflächen des Ökokreises Stift Zwettl. Zu besichtigen:

biologische Gärtnerei, Naturschutz im Garten, Schutzbe-
pflanzung, Sommerblumen, Duftpflanzen zum Riechen,
Bauerngarten, seltene Naturpflanzen, Feuchtbiotop u. v. m.

Tel.: 00 43/(0)28 22/5 50

Kloster auf Zeit

Eine umfangreiche Liste mit den Klöstern, in denen Sie sich
auf Zeit erholen können, ob als ruhiger, stiller Mitbewohner
oder als mitarbeitende Kraft, finden Sie in der Broschüre
»Atem holen«. Sie wird herausgegeben von den Bundesver-
bänden der Frauen- und Männerorden in Deutschland und
kann gegen Voreinsendung von Briefmarken im Wert von
1,55 Euro unter einer der folgenden Adressen schriftlich
bestellt werden:

Vereinigung der Ordensoberinnen Deutschlands
Generalsekretariat der VOD
Postfach 13 18
D-56503 Neuwied

Vereinigung Deutscher Ordensobern
Generalsekretariat der VDO
Am Knöcklein 13
D-96049 Bamberg

»Gutes aus Klöstern«

Unterschiedlichste Produkte aus den großen Abteien Europas; Weine, Süßwaren, Kosmetika und vieles mehr. Katalog-
anforderung: *www.manufactum.de*

Bibliografie

Allgemeine Kloster-/Gartenliteratur

Abtei Fulda: *Kompost – Gold im Biogarten,* Abtei Fulda 1990

Duft, Johannes (Hrsg.): *Studien zum St. Galler Klosterplan,* Fehr 1962

Fink-Henseler, Roland W. (Hrsg.): *Naturrezepte aus der Hausapotheke. Bewährte Heilmittel für die ganze Familie,* Gondrom 1995

Finke, Angelika: *Heilung aus dem Klostergarten. Das Kräuterwissen der Nonnen und Mönche,* Goldmann 2000

Fischer, Claudia und Reinold: *Geheimnisse der Klostergärten. Praktische Erfolgsrezepte für naturnahes Gärtnern,* Südwest 1991

Fischer, Hermann: *Mittelalterliche Pflanzenkunde,* Georg Olms 1967 (München 1929)

Frohn, Birgit: *Klostermedizin,* dtv 2001

Glahn, Lucia: *Die Heilkunst der Mönche,* Heyne 2003

Grün, Anselm: *Gesundheit als geistliche Aufgabe,* Vier Türme 2001 (Neuauflage)

Hales, Mick: *Klostergärten,* Heyne 2000

Herpell, Gabriele: *Die Küche der Mönche,* Heyne 2003

Herscher, Georges/Pernoud, Régine: *Jardins de Monastères,* Actes Sud 2002

Holzherr, Georg (Hrsg.): *Die Benediktsregel – eine Anleitung zum christlichen Leben,* Benziger 1985

Kalusok, Michaela/Uerscheln, Gabriele: *Kleines Wörterbuch der europäischen Gartenkunst,* Reclam 2001

Kosog, Simone: *Die Ruhe der Mönche,* Heyne 2003

Müller, Bernhard: *Das Fasten der Mönche,* Heyne 2003

Roth, Hermann Josef: *Schöne alte Klostergärten,* Stürtz 1995

Schimmel, Annemarie: *Kleine Paradiese. Blumen und Gärten im Islam,* Herder 2001

Seewald, Peter: *Die Schule der Mönche. Inspirationen für unseren Alltag,* Herder Verlag 2001

Stoffler, Hans-Dieter: *Kräuter aus dem Klostergarten. Wissen und Weisheit mittelalterlicher Mönche,* Thorbecke 2002

Thönnes, Dietmar/Schwester Blandina Paschalis/Pater Heribert Kerschgens: *Gesundheit aus dem Klostergarten,* Trias 1999

Weinrich, Christa OSB: *Geheimnisse aus dem Klostergarten. Säen und pflanzen, pflegen und ernten,* zus.gest. von Joachim Mayer, Kosmos 1998

Historische Garten- und Kräuterbücher

Die meisten Reprints sind in großen Bibliotheken
(z. B. Universitätsbibliotheken, Stadtbibliotheken)
ausleihbar, die alten Drucke nur im Lesesaal.

Höhepunkte der Klostermedizin: *Macer floridus* und *Herbarium* des Vitus Auslasser, hrsg. mit einer Einl. und dt. Übers. von Johannes Gottfried Mayer und Konrad Goehl, Reprint-Verlag 2001 [lat. Originaltext: Leipzig 1832]

Basilius Besler: *Hortus Eystettensis* (= Der Garten von Eichstätt). Das große Herbarium des Basilius Besler von 1613. Mit einem Vorwort von Dieter Vogellehner und botanischen Erläuterungen von Gérard G. Aymonin. Aus dem Franz. von Ulrike Kilias et al., Schirmer Mosel 1988 [als Faksimile in der lateinischen Ausgabe von 1713: *Hortus Eystettensis* von Basilius Besler & Ludwig Lungermann, Kölbl 1964]

Hildegard von Bingen: *Naturkunde. Das Buch von dem inneren Wesen der verschiedenen Naturen in der Schöpfung,* nach den Quellen übersetzt und erläutert von Peter Riethe, Müller 1980[3] (1959)

Hieronymus Bock: *Kreutterbuch* … Vorrede von Melchior Sebizius Silesius, Kölbl 1964 [Faksimile der Erstausgabe von 1577]

Otho Brunfels: *Contrafayt Kreüterbuch*, Kölbl 1964 [Faksimile der Erstausgabe von 1532]

Pedanius Dioscorides: *Kräuterbuch. Von allerley wolriechenden Kräutern, Gewürtzen, köstl. Oelen und*

Salben ..., Kölbl 1968 [Reprint der Erstausgabe der deutschen Übersetzung von 1610; Original aus dem 1. Jh. n. Chr.]

Leonhart Fuchs: *New Kreuterbuch, im Jar 1543* [Faksimile der Ausgabe Basel Isengrin 1543 bei Graf, 1981]

Adamus Lonicerus: *Kreuterbuch,* Kölbl 1962 [Faksimile der Ausgabe von 1679]

Walahfrid Strabo: *De cultura hortorum (Hortulus) – Über den Gartenbau,* übers. und hrsg. von Otto Schönberger, Reclam 2002 [nach der Handschrift von 840]

Kleines Abc der Mönche: Begriffe aus dem Ordensleben

Abt/Äbtissin Von aram./griech. »abbas«, Vater. Abt (Männerklöster) oder Äbtissin (Frauenklöster) sind die Vorsteher eines selbstständigen Benediktinerklosters (Abtei) und werden in der Regel auf Lebenszeit gewählt

Abtei Selbstständiges Kloster von Mönchen und Nonnen, die nach der Regel Benedikts leben

Apostolat Missionarische Aufgabe zur Weitergabe des Glaubens durch das Zeugnis christlichen Lebens und durch Seelsorgearbeit

Armut Eines der drei klassischen Ordensgelübde (»Evangelische Räte«) – neben Ehelosigkeit und Gehorsam

Askese Einübung ins geistliche Leben

Brevier Texte des Stundengebets (Stundenbuch), v. a. für das private Gebet zusammengestellt

Cellerar Der Verwalter der gesamten Klosterwirtschaft

Chor, Chorgebet Kirchenraum (meist in der Apsis), in dem das Chorgebet verrichtet wird

Einsiedelei Lebensort eines Eremiten

Eremit Einsiedler. Das Eremitentum (Leben in der Einsamkeit) galt in der Frühzeit der Mönche als die monastische Lebensweise schlechthin

Exerzitien Geistliches Programm über verschiedene Tage hinweg unter Anleitung. Es soll zu einer neuen Begegnung mit Christus und in die eigene Mitte führen

Gelübde Versprechen. Die klassischen Ordensgelübde sind Armut, Keuschheit, Gehorsam

Gregorianischer Choral Einstimmige Gesänge beim Gottesdienst mit eigenen Tonarten. Sie wurden im Zusammenhang mit der Liturgiereform von Papst Gregor dem Großen eingeführt

Guardian Oberer in einer franziskanischen Gemeinschaft

Habit Ordensgewand (Kutte)

Hore Von lat. »hora«, Stunde. Stundengebete zu einer bestimmten Tageszeit: Vigil (am Vorabend), Matutin (am Morgen), Laudes (Morgenlob), Terz, Sext und Non (um neun, zwölf und 15 Uhr; Sext und Non werden gelegentlich zum Mittagsgebet zusammengefasst), Vesper (Abendlob), Komplet (Gebet zur Nachtruhe)

Kapitel 1. Abschnitt aus der Ordensregel; 2. Versammlung der Klostergemeinschaft im Kapitelsaal

Katechese Unterweisung im Glauben

Klausur Abgeschlossener Bereich eines Klosters, für Außenstehende allgemein nicht zugänglich

Kloster Von lat. »claustrum«, abgeleitet von »claudere«, schließen, abschließen. Gängigste Bezeichnung für Ordenshäuser

Kommunität, Konvent Hausgemeinschaft von Ordenschristen

Kreuzgang Offener oder geschlossener viereckiger Gang um einen Garten innerhalb des Klosters. Der Name bezieht sich nicht auf die Form des Ganges, sondern auf das Kreuz, das hier bei Prozessionen vorangetragen wird

Kontemplation Christliche Betrachtung und Besinnung; Konzentration auf Leben und Botschaft Christi. Kontemplativ orientiert sind Orden, die ihre Hauptaufgabe in Meditation oder schweigender Betrachtung sehen

Laudes Gemeinsames Morgenlob, Stundengebet

Lectio divina Geistliche Lesung

Liturgie Feier der Eucharistie und des Chorgebets nach dem liturgischen Kirchenjahr

Meditation Geistliche Übung, mit deren Hilfe man den Weg zur Mitte finden soll, geleitet von einem Wort, Text oder Bild

Monastisch Lebensform und Kultur der Mönche. In den romanischen Sprachen leitet sich das Wort für Kloster vom selben Wortstamm her (ital. »monastero«; span. »monasterio«; franz. »monastère«)

Mönch Von griech. »monachos«, Einsiedler

Nonne Von lat. »nonna«. Weibliches Mitglied einer monastischen Gemeinschaft

Noviziat Probezeit der Ordensleute (Novizen)

Oblaten Laien, die sich einer bestimmten Ordensgemein-
schaft zugehörig fühlen und in ihrem Alltag nach deren
Regeln leben

Orden Religiöse Glaubensgemeinschaft

Pater Von lat. »pater«, Vater. Mönch mit feierlicher Profess

Postulat Zeit der Bewerbung um das Ordensleben, bis zu
sechs Monaten

Prior/Priorin Vertreter des Abtes bzw. der Äbtissin

Profess Das Ablegen der Gelübde auf Zeit oder auf Lebenszeit (ewige Profess)

Provinzial Leiter einer Ordensprovinz

Refektorium Speisesaal eines Klosters

Regel Ordnung einer Gemeinschaft. Sie wird durch die
Konstitution den Zeitumständen angepasst

Rekreation Erholungszeit

Säkularisation Um 1802/03 erfolgte Enteignung kirchlichen Eigentums, der in Europa Tausende von Klöstern
zum Opfer fielen

Stundengebet Gebet der Kirche, zu dem alle Ordensleute
und Kleriker verpflichtet sind. Es teilt den Tag auf in
Gebetszeiten (siehe auch Hore)

Vesper Abendgottesdienst

Bildnachweis

Akg, Berlin: S. 24, 33, 117, 127, 134

Dr. Winfried Bahnmüller, Geretsried: S. 8, 36, 96, 111, 136

Hieronymus Bock, Kreuterbuch 1572, Kloster Plankstetten: S. 146, 149, 154, 158

Regula Freuler, Zürich: S. 14, 19

Andrea Göppel, Bobingen: S. 66, 78, 90, 114, 120, 164, 196

Konrad Hecht, Der St. Galler Klosterplan, Wiesbaden 1997: S. 72

Hans-Günther Kaufmann, Miesbach: S. 54, 86, 94, 100, 106, 178, 182

Lois Lammerhuber, Baden/Österreich: S. 186

Lavendelfoto, Hamburg: S. 161

Mirko Milovanovic, München: S. 11, 43, 47, 49, 58, 62, 68, 141, 169, 176, 191

Privat: S. 27, 130

In gleicher Ausstattung erschienen:

224 Seiten, 45 s/w-Abbildungen · ISBN 3-453-86929-X

Die Mönche schreiben dem Fasten von jeher nicht nur eine reinigende Wirkung zu, sondern auch die Erfahrung von Entspannung, Besinnung und Glück. Das Buch gibt in sieben Lektionen eine praktische Anleitung und führt in die vielfältigen Methoden des Fastens ein.

In gleicher Ausstattung erschienen:

224 Seiten, 45 s/w-Abbildungen · ISBN 3-453-86932-X

Jahrhundertelang prägten Mönche und Nonnen die Heilkunst in
Europa und entwickelten dabei ebenso einfache wie wirksame
Rezepte. Das Buch stellt den ganzheitlichen Gesundheitsbegriff
der Mönche vor und gibt praktische Ratschläge für Arzneien,
Entspannungsmethoden und spirituelle Hilfe.

Bibliothek der Mönche

Peter Seewald (Hrsg.)
Gabriela Herpell

Die Küche
der Mönche

HEYNE‹

224 Seiten, 45 s/w-Abbildungen · ISBN 3-453-87271-1

Ordensleute wissen seit jeher um die Bedeutung einer ausgewogenen, gesunden Ernährung für das Wohlbefinden des Menschen. Das Buch bietet eine reiche Auswahl an schmackhaften Rezepten aus den Klosterküchen aller Welt und zeigt, wie man zu einem bewussteren Essgenuss finden kann.

HEYNE‹

Bibliothek der Mönche

208 Seiten, 45 s/w-Abbildungen · ISBN 3-453-86931-1

Ruhe, Meditation und Entspannung gehören zu den großen
Schätzen in der Tradition des abendländischen Mönchtums.
Von Anfang an entwickelten die Mönche und Nonnen viel-
fältige Methoden, um mit einfachen Ritualen neue Kraft zu
schöpfen und zu mehr Gelassenheit im Alltag zu finden.

HEYNE ‹